软件测试工程师
面试秘籍（第2版）

51Testing 软件测试网◎组编
G. li 编著

人民邮电出版社
北 京

图书在版编目（CIP）数据

软件测试工程师面试秘籍 / 51Testing软件测试网组
编；G.1i编著. -- 2版. -- 北京：人民邮电出版社，
2021.5（2023.6重印）
ISBN 978-7-115-55460-4

Ⅰ. ①软… Ⅱ. ①5… ②G… Ⅲ. ①软件－测试
Ⅳ. ①TP311.55

中国版本图书馆CIP数据核字(2020)第238541号

内 容 提 要

本书讲述了应聘基本流程、开发类基础知识、测试类专业知识。本书首先介绍了面试的流程，然后
讲述了数据结构、操作系统、数据库、网络、设计模式、编程语言等方面的知识，接着介绍了测试的基
本概念、测试用例的设计、常见的自动化测试工具、性能测试指标、性能测试工具、测试管理工具，并
解析了大量 IT 企业的测试工程师笔试真题和面试真题，最后讨论了软素质面试题、英文面试题、面试
技巧和面试礼仪。

本书适合测试人员阅读，也可供软件开发方面的专业人士参考。

◆ 组　　编　51Testing 软件测试网
　　编　　著　G. li
　　责任编辑　谢晓芳
　　责任印制　王　郁　焦志炜

◆ 人民邮电出版社出版发行　北京市丰台区成寿寺路 11 号
　　邮编　100164　　电子邮件　315@ptpress.com.cn
　　网址　https://www.ptpress.com.cn
　　北京天宇星印刷厂印刷

◆ 开本：800×1000　1/16
　　印张：14　　　　　　　　　　　2021 年 5 月第 2 版
　　字数：262 千字　　　　　　　　2023 年 6 月北京第 5 次印刷

定价：69.90 元
读者服务热线：(010)81055410　印装质量热线：(010)81055316
反盗版热线：(010)81055315
广告经营许可证：京东市监广登字 20170147 号

推荐序一

随着计算机、互联网和智能终端等技术的不断发展，软件测试技术也快速发展。传统的软件测试目标比较单纯，强调对软件开发流程中各个环节的质量把控，软件、用户及研发过程就是测试的全部。而互联网时代的软件测试理论更全面，且越来越重视用户需求、系统架构、性能安全、服务器负载和部署等的质量保证。

记得我刚接触软件测试领域时，面向客户端软件的瀑布式开发流程和严谨的软件度量理论还是主流研究方向，而如今互联网的工程实践已经开始要求我们适应快速迭代、小步快跑的业务特点。如今，移动互联网的浪潮又要求我们在软件测试中研究多终端适配、持续集成、安全、用户体验评测、大数据算法评测等。这一切都对软件测试人员提出了更高的要求，我们必须紧跟技术潮流，不断适应业务领域的变化和技术领域的进步，并熟练运用软件测试思维，迎接新的挑战。

卡耐基曾经说过："成功者总是不约而同地配合时代的需要。"我们这个时代需要大量优秀的测试人员，也需要更多年轻人迈入软件测试领域的大门。本书包含了作者多年来对软件测试领域的理解和技术沉淀。

李磊

百度原测试技术专家、新浪微博测试总监

推荐序二

看了本书，我觉得很不错，因此建议测试行业的初学者研读本书。

本书理论结合实践。相对于软件测试理论方面的图书来说，本书更加贴近实际，容易理解，其中涉及的软件测试技术覆盖面广。通过阅读本书，读者可以充分了解目前主流的软件测试技术，真正了解软件测试工作，找到自己的从业兴趣点。

书中的面试题是助力器。通过面试题，读者可增强对软件测试的理解，找到面试成功的捷径。

书中的面试技巧可以让读者少走很多弯路，避免犯低级错误，在众多的面试者中脱颖而出。

本书能够帮助软件测试人员找到理想的工作。

谷云

百度原测试经理

序

金秋 10 月是收获的季节。2014 年秋天，我出版了《软件测试工程师面试秘籍》（第 1 版）；2013 年秋天，我喜获了可爱的女儿；2012 年秋天，我觅得了良缘……2009 年秋天，我获得了第一份工作的录用通知。每年秋天，收获的喜悦在洋溢。

对于秋天的收获，我自然感恩在心。然而，当年为之付出的辛劳也历历在目。2012 年春天，我便一点一点地开始写作的旅程，耐心地梳理脑海中已有的篇章，字字句句斟酌落地。2009 年春季，为了更有把握地面对各大互联网公司的笔试、面试，我在网络上查找大量的资料，认真面对每一次面试，终于从初学者变成专业人士了。

"脚踏实地、认真学习、努力工作"是长辈的教诲，这些教诲让我受益匪浅。

刚进北京师范大学就读计算机专业的时候，我甚至连开关计算机都不会，课也听不太懂，对自己很没有信心。好在我并没有放弃，硬着头皮学了下去，一路坚持，慢慢地，感觉自己能够听懂课程，找到自信了。坚持就是胜利，不要轻言放弃。

在读研究生期间，我选了一个特别严厉的导师。在导师的严格要求下，我比其他组同学学得快，当然，也更辛苦。阳光总在风雨后，经历了 3 年的项目训练后，我已经可以独立完成一个不太复杂的软件项目了。

2009 年，很多同学去实习，但我没有，我决定利用那段时间好好"充电"，以最好的状态应对面试。从熟悉理论课程、岗位要求的专项技术，到练习笔试、面试题目，准备了五六个月的时间，我就已经可以应对自如了。那时候并没有太多针对测试工程师岗位的资料，需要自己一点一点地收集，我真的很想有一本面试和笔试指导图书。这也是事隔多年，我将收集的资料重新整理汇集成书的原因之一。

说到优秀，我不比站在同一条起跑线上的人优秀多少。在遇到困难时，我告诉自己，再坚持一下。困难都是在我的坚持下迎刃而解的。

说到迷茫，我在工作中遇到无数次。那时，同事们给了我很多鼓励和支持，这是我的幸运。

说到辛苦，肯定是有的。一个人不能总是待在自己的舒适区，这样他就不会成长。确实，有挑战才有成长，有难度才有成就！

不要给退缩找理由。"女生不适合做计算机行业""岁数大了就容易被淘汰"，这些都是借口。

　　失败是最好的老师。只要在失败之后不断调整自己的方向，有朝一日就一定可以游刃有余地处理好所遇到的问题。

　　春耕秋收，其实人人都一样。即将毕业的同学或想从事软件测试工作的朋友最大的心愿就是进入一家好的公司。那么，从现在开始努力吧！本书会在你迈向成功的路上助你一臂之力！

G. li

前　　言

　　本书是测试工程师应聘指南。通过阅读本书，读者能够了解应聘初级与中级软件测试工程师需要掌握的必要知识。带着这些知识去应聘，读者会多几分把握。

　　本书作者收集并分析了近几年来十多家公司的大量笔试真题、面试真题，从应聘流程、软件开发、软件测试、面试技巧和注意事项等方面帮助软件测试工程师复习、总结。

　　本书特点如下。

　　（1）涵盖面广，不仅包括数据结构、数据库、网络、设计模式、C++、Java、C#等软件开发知识，还覆盖了测试理论、性能测试、测试管理、测试人员职业规划等测试知识。本书提供的知识点足以使读者"武装"自己，灵活应对软件测试工程师岗位的面试。

　　（2）理论和实际练习相结合。本书在部分知识点后有试题讲解，帮助读者快速消化知识点。

　　（3）真题丰富，答案准确。本书展示了大量笔试真题、面试真题，题目答案由一线软件测试工程师和面试官提供。

　　本书适用范围广，包含各类语言（如 Java、C++、C#等）的笔试题、面试题。本书实用性强，不仅包括一般程序员要掌握的基本知识，还针对测试工程师岗位讲述了 Web 类测试、移动 App 类测试、游戏类测试等。

　　全书共 4 章。

　　第 1 章简单讲述应聘的整体流程，并对简历的美化进行说明。

　　第 2 章对软件开发基础知识进行总结归纳。

　　第 3 章阐述测试的相关知识，包括测试理论、测试用例的设计、性能测试等。该章不仅给出了十几家公司的笔试真题、面试真题，还提供了参考答案。

　　第 4 章列出了面试注意事项、面试技巧、英文面试题等。

　　本书适合测试人员和计算机相关专业的学生阅读，也可供相关的专业人士阅读。

　　感谢 51Testing 软件测试网在本书编著与出版过程中提供的帮助。要学习更多测试知识，请读者关注"51Testing 软件测试网"公众号。

目　　录

第 1 章　知己知彼，百战不殆

求职类似于打仗，是一场挑战自己的战斗，是一场与用人单位的博弈，更是一场千人过独木桥的竞争。《孙子·谋攻篇》中说："知己知彼，百战不殆；不知彼而知己，一胜一负；不知彼，不知己，每战必殆。"在当今竞争激烈的职场中，要谋一份令他人羡慕、让自己欣喜若狂的岗位，事先充分准备是十分必要的。若能在笔试、面试中不断认识并提高自己，不断了解用人单位和面试竞争者、面试官，不断改进"应试"对策，那么你离理想的岗位就不远了。

1.1　初出校园

每年 9 月到次年的 6 月，一大批大学毕业生会涌入求职大军的队伍。可是，现在应届毕业生要找软件测试方面的工作很辛苦、艰难。为什么呢？

（1）学校没有专门针对软件测试（简称测试）的专业课，求职者的基本功不扎实。

（2）求职者缺乏面试经验，软素质面试没有通过。

（3）求职者不能承受找工作造成的心理压力，缺乏自信心。

……

事前充分准备，增强自信，端正工作态度，规划好自己的职业，确定目标岗位，这些对打好一场求职战有百利而无一害。

本节介绍应聘渠道和流程。

1.1.1　应聘渠道

现在的应聘渠道有很多，包括校园宣讲会、各个企业自己的网站、各类招聘门户网站、猎头类网站、内部推荐等。

民营企业一般在 10～12 月、4～6 月陆陆续续开始招聘。应聘这类企业成功率最高的方式就是内部推荐和参加校园宣讲会。

对于自己十分钟爱、向往的企业，可以到其官网的"人才招聘"栏目看看是否有合适的岗位，或者在猎头类网站上向猎头咨询相关信息。但是官网上的招聘信息可能更新并不及时，相对来说，直接向猎头咨询更靠谱一些。IT 猎头类网站有猎聘网、中国猎头人才网、淘猎网等。

针对自己选定的目标岗位，可以到相关论坛寻找招聘信息。例如，要选择软件开发岗位，可以到 CSDN 上寻找；要选择测试岗位，可以到 51Testing 软件测试网上寻找。

还有一些大型招聘门户网站，如中华英才网、智联招聘、前程无忧等。

1.1.2　应聘流程

一般情况下，完整的应聘流程如图 1.1 所示。

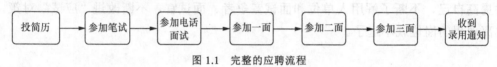

图 1.1　完整的应聘流程

民营企业、国企、央企 3 类企业招聘的时间略有不同。对于应届毕业生来说，每年 10～12 月是大型知名企业发放大量录用通知（也称 Offer）的时候，在这段时间，一部分同学可能会丧失自信心。此时保持良好的心态，扛住压力是很重要的。每年 2 月左右，大量国企、央企开始招聘，它们一般提前一个月发放招聘岗位信息，招聘流程时间跨度也较短。因此，在这段时间应聘的同学的竞争压力会相对小一些，毕竟很多优秀的同学已经选择了名企。同学们可以根据自己的目标公司选择性备战。

1.2　第一印象

简历是用人单位了解你的窗口，是应聘的"敲门砖"。如何用一份优秀的简历打动用人单位，给对方留下一个良好的第一印象呢？本节介绍如何"打扮打扮"简历。

打扮简历

简历中应该包括个人资料、项目经历、教育背景、技能特长、自我评价等。

1.　个人资料

个人资料应用最简练的语言、最短的篇幅说明，不必详细描述，建议列出姓名、联系地址、电话号码、电子邮箱，性别、出生年月、民族、籍贯等可根据岗位要求选择性列出。而贴照片是一个有风险的行为，建议不要画蛇添足。

2．项目经历

用效果说话，切忌将项目经历写成项目的简单罗列。项目经历最好包含简单、精练的项目介绍，项目当前的情况或者成果，你在这个项目中充当的角色、做出的贡献，你的工作成果。这里的成果可以是发表的论文、提升效率的方法、得到的好评等。用事实说话，"组织能力强"等文字不如"组织了一次成功的活动"更能打动人。

3．教育背景

按时间倒序列出教育经历。获得奖学金和荣誉称号、发表文章、假期的国际交流等学习生涯中的"闪光点"，都可以写在简历中，表明你的"出类拔萃"。在描述成绩时，最好有对比，如"大学成绩排名 3/80"，或者"二等奖学金（占比 15/80）"等，让招聘人员对成绩有一个清晰的认识。

4．技能特长

首先，一定要针对应聘岗位的要求把关键的、对方关注的要点写进去。例如，对于测试岗，要求熟练掌握 PHP 脚本，如果你在技能里写"法语流利""篮球很棒"等不仅占篇幅，而且吃力不讨好。其次，别太谦虚，实事求是，最好别用"初学""一般"等含糊的词语，尽量使用"熟练""精通"，或者不写。

5．自我评价

尽量客观地描述、总结自己的优点和缺点。例如，要应聘测试人员，若在自我评价里写粗心大意、总是漏测，或者不喜欢加班等内容，被淘汰的概率就很高。

此外，关于篇幅，中文简历尽量不超过两页，最好为 1 整页，因为第 2 页可能没有人看。若用人单位要求中、英文形式的简历，中、英文各 1 页最佳。关于排版，切忌太花哨，排版混乱。重点部分用黑体、不同的颜色标注出来，有醒目效果。

1.3　过关斩将

当你顺利通过简历的筛选后，就正式进入"闯关模式"了。对于每个公司，应聘关卡不尽相同，但大体上包含笔试、电话面试、面试（1～3 轮）、签订意向书和就业协议。接下来将按次序逐一介绍各关卡的基本情况、注意事项及一些闯关小技巧。

1.3.1　第 1 关——笔试

笔试为投简历后的第 1 关，由于参加笔试的人数较多、成本较高，并非每家公司都会采用，目前校园招聘安排的笔试较多，社会招聘安排的笔试较少。

笔试可分为纸上笔试和机试，通常大型的校园招聘都采用纸上笔试；而小型的招聘

（如部门招聘实习生或者社会招聘）有可能采用机试。

笔试一般包含 3 个方面的测试——基础知识测试、性格测试和智力测试。题型包含主观题、客观选择题和编程题。

下面简单介绍笔试的注意事项，让应聘者对笔试有所了解。当然，笔试的成绩好坏更多取决于应聘者对基础知识的掌握程度，第 2 章与第 3 章的大量笔试题和面试题将对应聘者有很大帮助，这里仅谈笔试注意事项。

1．试前准备

（1）笔试前，公司的人力资源部会通过短信、电话或邮件的方式通知笔试时间、地点，有时会通知笔试座位号。只要确保简历上留的是常用联系方式，应该就能通知到。

（2）收到笔试通知后，到网上收集该公司的笔试题型、出题范围及历年来应聘者总结的笔试经验和教训。如果能找到该公司历年的笔试题就最好不过了，练练手，心里踏实。

（3）笔试前准备好可能用到的文具。最需要注意的是笔试时间，千万不要迟到，因为很多公司在笔试时间超过 15 分钟、笔试座位没有坐满的情况下，会允许"笔霸"入场。何谓"笔霸"？就是出于各种原因未收到笔试邀请的应聘者。当然，若你的简历不幸未被选中，也可以当一次笔霸，如果成绩优秀，很多公司不会介意你是否有笔试资格。

2．笔试注意事项

（1）对于纸上笔试来说，有一点需要注意，在纸上写编程题时，如果对语法不熟悉，可以考虑写伪代码，突出编程思路。

（2）对于机上笔试，则只能靠经验。在考前了解公司笔试的语言类型，"临阵磨刀"会对你有所帮助。

（3）关注基础。校园招聘里没有针对软件测试设计的题目，大多数是面向整个计算机相关专业的，开发和测试岗位的笔试放在一起。

1.3.2　第 2 关——电话面试

电话面试的内容主要有告知薪水、工作时间、面试地点和面试时间（一般为 1 小时）。

若应聘者是外地的，则第 1 次面试通常是电话面试，可能是技术面试，面试内容与笔试差不多，以考核知识为主。相对于笔试，采用电话面试的岗位的针对性更加强一些。

接到这类电话面试邀请的应聘者需要跟面试官约好电话面试的时间。建议在选择时间时，给自己留一两天复习的时间。面试时，最好找一个安静的、通信信号较好的座位，旁边放好纸、笔及一台计算机（有的面试官会要求你远程编程）。

面试时不要太谦虚，也不要太自大，应诚实、沉着应对。在遇到不知道的问题时，不要搜索答案或者找旁边的同学帮忙。如果面试官听到键盘声或者起了疑心，要么可能直接淘汰你，要么可能会加大后面的面试题的难度以考核你的真实知识水平。

总之，电话面试环境、电话面试态度、本身的技术基础决定了这一关的结果。

1.3.3　第 3 关——面试

按形式，面试分为多对一面试、一对一面试和一对多面试；按内容，面试分为一面（基础技术面试）、二面（岗位专业面试）和三面（面试官面试）。

面试考核的内容包含仪容仪表、人际交往能力、专业知识、应变能力等。

面试流程一般如下。

（1）应聘者自我介绍。

（2）面试人员针对简历提问。

（3）基础知识考核/岗位要求的专业知识考核/心理素质考核等。

（4）应聘者向面试官提问。

通过大型校园招聘会的面试后，1～2 周内会有下轮面试通知。同学们也可以通过短信、网络等方式询问面试官面试结果，表达对该职位的重视。

关于如何在面试中较好地表现会在本书第 4 章中详细描述。

1.3.4　第 4 关——签订意向书和就业协议

1. 意向书

在笔试、面试全部通过之后，公司会与应聘者签订就业意向书。该意向书不像协议、合同那样一经签约不能随意更改，它比较灵活。在协商过程中，当事人各方均可按各自的意图或目的提出意见，在正式签订协议、合同前也可随时变更或补充，最终达成协议、合同。

一般来说，仅签订了意向书，还未正式签订合同，是可以单方告知对方终止意向书的，但要根据所签订的意向书的有关约定而定。因此，需要注意的是，其中关于违约金的事项可以在签约的时候就拒绝。不要留下任何证件原件，可以留下证件原件的复印件。

2. 就业协议

就业协议也叫三方协议，三方代表毕业生、用人单位和学校，其中规定了三方的权利和义务，是具有法律效力的。

每个学生只有一份就业协议，有固定编号，经教育部门严格批示，因此在签订就业协议时应考虑清楚。如果就业协议弄丢了，可以申请补办，但是比较麻烦，所以要尽量保管好。

签订就业协议的流程一般是单位签字、毕业生签字、学校签字。学校在最后把关，是为了保障学生的利益。

1.4 最终的选择

不少刚毕业的同学很优秀，收到了多个公司的录用通知，但是因为对软件测试行业不了解，所以在选择上比较盲目。本节总结了一些经验供大家参考。

1．行业的选择

虽然测试的精髓是通用的，但是不同行业的侧重点是不一样的，这主要影响以后的跳槽、转岗。如果应聘者求职时行业跨度太大，会对求职有影响。

选择有前景的行业，十多年前传统软件行业的测试比较热门，但十多年后互联网行业的测试更有发展前景，传统软件行业的测试人员很难进入互联网公司。建议读者选择新兴行业，纯互联网行业的测试在近几年可能还热门，但估计十年后就是智能设备、物联网行业的测试的天下了。

所以，如果你有很多就业选择，不妨优先选择未来的热门行业。

2．公司的选择

大公司不仅能够给你一个比较好的发展空间，还对你以后的跳槽有帮助。因此，建议优先选择大公司。

3．测试岗位的选择

测试岗位还可细分为前端测试、后端服务测试、数据测试等，这些细分岗位与进入公司后的测试内容和测试工具有关。

- 前端测试：需要接触很多网页上的东西，重复性的工作相对来说多一些。以后进阶时，可以考虑前端页面自动化的研究，不过目前前端页面的自动化效率一般，大多低于预期。
- 后端测试：纯服务类接口测试，需要有一定的编程能力，对自动化的要求相对来说高一些。
- 数据测试：与数据打交道，需要熟悉 SQL，对数据感兴趣的应聘者可以考虑。

另外，还有性能测试等。

关于岗位的选择，读者可以降低优先级，毕竟进入公司后，如果不适应还可以换。

4. 待遇的选择

拿到录用通知后，一方面可以与人力资源部沟通薪资待遇等的详细情况，另一方面可以到网络上搜索，侧面了解薪资待遇。

有的公司可能会告知你年薪，即工资、年终奖都包含在年薪里面；有的公司可能会告诉你固定工资，弹性年终奖。应聘者可以查一下大概的基数，并对比。

第2章 磨刀霍霍，有备无患

本章对大量企业的软件测试工程师岗位的笔试题和面试题进行分析，按照对软件测试工程师岗位要求的技术难度，对数据结构、操作系统、数据库、网络、设计模式、Java、C++、C#与.NET 等基础知识进行总结。

2.1 数据结构

数据结构是历年来笔试和面试的重点之一，针对它至少会有两三道大题。

数据结构包括线性结构和非线性结构两种。线性结构中的线性表、栈、队列、串和非线性结构中的二叉树是高频考点。本节总结需要熟练掌握的考点，并提供数据结构方面的大量面试题、解题思路。

2.1.1 线性表

- 线性表的两种存储结构及其特点
- 链表基本操作：新增节点、删除节点
- 链表逆序等算法

线性表分两种存储结构，即顺序存储结构（主要代表为顺序表）和链式存储结构（主要代表为链表），分别如图 2.1 和图 2.2 所示。

图 2.1　线性表的顺序存储结构

在图 2.1 中，n 表示线性表的长度，a_i 表示数据元素，i 表示数据元素 a_i 在线性表中的位序。

顺序存储结构的特点如下。

（1）前后两个节点的存储空间是紧邻的。

（2）空间利用率高，但实现时要预估容量。

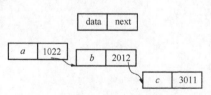

图 2.2　线性表的链式存储结构

（3）查找操作的时间复杂度为 $O(n)$，读取操作的时间复杂度为 $O(1)$。

（4）新增节点需要移动 $n-i+1$ 个节点，删除节点需要移动 $n-i$ 个节点。

链式存储结构的特点如下。

（1）存储空间可以连续，也可以不连续。

（2）为了存放后续节点的地址，需要动态申请空间。

（3）查找操作的时间复杂度为 $O(n)$，读取操作的时间复杂度为 $O(n)$。

（4）新增和删除操作简单，仅需变化两次指针。

链表中新增节点的过程如下。

（1）新增节点指向下一节点。

（2）上一节点指向新增节点。

新增节点的过程如图 2.3 所示。

链表中删除节点的过程就是从上一节点指向下一节点。此过程较简单，故不画示意图。

顺序表的逆序过程如图 2.4 所示。

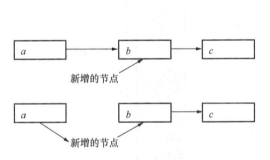

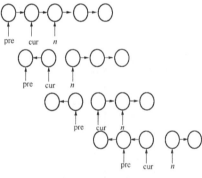

图 2.3　新增节点的过程　　　　　　　　图 2.4　顺序表的逆序过程

链表的逆序过程如下。

（1）设置 3 个辅助指针，分别指向前 3 个节点。

（2）反转前 2 个指针指向的节点。

（3）3 个辅助指针后移两个位置，循环执行步骤（2），直到到达链表结尾。

2.1.2　栈、队列、字符串

- 栈、队列的概念及特点
- 函数如何压栈
- 字符串复制、反转等操作

1．栈

栈又称后进先出（Last In First Out，LIFO）线性表。限制在栈的一端进行插入或者删除的操作，每次出栈的元素都是栈顶的元素，即最后入栈的元素，如图2.5所示。

按照存储方式，栈分为顺序栈和链式栈。顺序栈一般由一维数组和栈顶变量组成。链式栈不会出现栈溢出的情况。

函数通过栈来辅助完成调用过程。例如，Z()函数调用A()函数时，首先，将传给A的参数压栈，将现在这条指令（A(...)）的下一条指令的地址压入栈中，以便A()函数执行完后返回Z()函数中继续执行。然后，进入A()函数的内存空间，调用PUSH EBP，即将Z()函数的EPB的内容（地址0x000F）压入栈中。接着，调用MOV EBP ESP，让EBP有一个新的栈顶。最后，将A()函数的局部变量压入栈中，开始执行A()函数的代码。这时，栈和EBP的情况如图2.6所示。

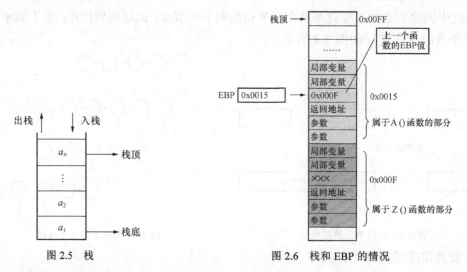

图2.5　栈

图2.6　栈和EBP的情况

函数参数入栈时，按照从右到左的顺序，并要注意高地址和低地址。入栈时以机器字长为单位且所有参数按字对齐。

2．队列

队列又称先进先出（First In First Out，FIFO）线性表，它的所有插入操作（又称入队）在队列的一端，而删除操作（又称出队）在队列的另一端，如图2.7所示。

队列同样也有顺序队列和链式队列，需要两个变量或指针来指示队头和队尾。在顺序队列中，由于队列的队头和队尾位置是时刻变化的，因此可能会到达队头了，而队尾空出来很多新的空闲区域。而循环队列利用假溢出解决了该问题。到达队头之后，

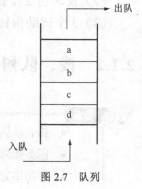

图2.7　队列

重新回到队尾，当队头指针连接到队尾指针时，视为满队。

循环队列次数=(队尾−队头+数组长度)mod(数组长度)

3．字符串

字符串是面试中常考的内容，也是实际工作中最实用的技术之一。下面列出关于字符串的面试题。

试题 1．不调用库函数实现字符串复制函数 strCpy()。

分析：函数声明为 strCpy (char * src , const char * des)，其中有如下几点需要注意。

（1）src 长度为 0。

（2）src 和 des 地址相同（src==des）。

答案：代码如下。

```
char *strcpy(char *strDest,const char *strSrc)
{
    if(strDest==NULL||strSrc==NULL)
        return NULL
    if(strDest==strSrc)
        return strDest
    char*tempptr=strDest
    while((*strDest++=*strSrc++)!='\0')
    retun tempptr
}
int strlen(const char*str)
{
    assert(strt!=NULL);//断言字符串地址非 0
    int len;
    while((*str++)!='\0')
    {   len++;  }
    return len;
}
```

试题 2．编写函数实现整数与字符串之间的相互转化。

分析：整数转化成字符串，可以采用加 0、然后逆序的方法，整数加 0 后会隐性转化为字符串；字符串转化成整数，可以采用减 0、然后乘以 10 累加的方法，字符串减 0 后会隐性转化为整数。

试题 3．不调用库函数实现字符串反转。

答案：代码如下。

```
    package com.others;
publicclassrevertStr {
```

```
publicstaticvoid main(String[] args) {
        System.out.println(inverse("liuling"));
    }

publicstatic String inverse(String str){
char[] chars=str.toCharArray(); //得到字符数组
for (int i=0;i<chars.length/2;i++) {
char temp=chars[i];
        chars[i]=chars[chars.length-i-1];
        chars[chars.length-i-1]=temp;
    }

return String.copyValueOf(chars);
    }

 }
```

2.1.3　树、二叉树、图的遍历

• 树的深度优先、广度优先遍历算法
• 二叉树先序、中序、后序遍历，满二叉树、完全二叉树的定义
• 图的深度优先、广度优先遍历算法

1．树

树的遍历方式有深度优先和广度优先两种。

深度优先搜索就是在树的每一层始终只扩展一个子节点，不断地向下一层前进，直到到达叶子节点或受到深度限制时，才从当前节点返回上一层节点，沿着另一个方向继续前进。广度优先搜索是指深度越小的节点越先得到扩展，本层的节点没有遍历完时，不能对下一层节点进行处理。

对于图 2.8 所示的树，深度遍历结果为 *ABCDEFGHK*，广度遍历结果为 *ABECFDGHK*。

深度优先遍历算法中，采用栈来实现非递归算法。以二叉树为例，代码如下。

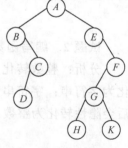

图 2.8　树

```
public void depthOrderTraversal(){
        if(root==null){
            System.out.println("empty tree");
            return;
```

```
    }
    ArrayDeque<TreeNode> stack=new ArrayDeque<TreeNode>();
    stack.push(root);
    while(stack.isEmpty()==false){
        TreeNode node=stack.pop();
        System.out.print(node.value+"     ");
        if(node.right!=null){
            stack.push(node.right);
        }
        if(node.left!=null){
            stack.push(node.left);
        }
    }
    System.out.print("\n");
}
```

广度优先遍历算法利用队列来实现非递归算法。以二叉树为例，代码如下。

```
public void levelOrderTraversal(){
    if(root==null){
        System.out.println("empty tree");
        return;
    }
    ArrayDeque<TreeNode> queue=new ArrayDeque<TreeNode>();
    queue.add(root);
    while(queue.isEmpty()==false){
        TreeNode node=queue.remove();
        System.out.print(node.value+"     ");
        if(node.left!=null){
            queue.add(node.left);
        }
        if(node.right!=null){
            queue.add(node.right);
        }
    }
    System.out.print("\n");
}
```

2. 二叉树

二叉树是树的一种，它的每个节点最多只有两个子节点，并且左、右子节点次序不能对调。二叉树的 5 个特性如下。

（1）在二叉树的第 i 层上至多有 2^{i-1} 个节点（$i \geqslant 1$）。

（2）深度为 k 的二叉树上至多含 2^k-1 个节点（$k \geqslant 1$）。

（3）对任何一棵二叉树，若它有 n_0 个叶子节点、n_1 个度为 2 的节点，则一定存在关系式 $n_0=n_1+1$。

（4）具有 n 个节点的完全二叉树的深度为 $\log_2(n+1)$。

（5）如果对一棵有 n 个节点的完全二叉树的节点按层编号，则对任意节点 i（$1 \leqslant$

$i \leqslant n$）有如下规律。

① 若 $i=1$，则节点 i 是二叉树的根；若 $i>1$，则父节点是节点 $i/2$。

② 若 $2i>n$，则节点 i 无左子节点；否则，左子节点是节点 $2i$。

③ 若 $2i+1>n$，则节点 i 无右子节点；否则，右子节点是节点 $2i+1$。

二叉树有 3 种遍历方式——先序遍历、中序遍历和后序遍历。二叉树遍历是笔试中的常见考题。

先序遍历的步骤如下。

（1）访问根节点。

（2）先序遍历左子树。

（3）先序遍历右子树。

中序遍历的步骤如下。

（1）中序遍历左子树。

（2）访问根节点。

（3）中序遍历右子树。

后序遍历的步骤如下。

（1）后序遍历左子树。

（2）后序遍历右子树。

（3）访问根节点。

试题 1. 写出图 2.8 所示树的先序、中序和后序遍历结果。

答案如下。

先序遍历结果是 ABCDEFGHK。

中序遍历结果是 BDCAEHGKF。

后序遍历结果是 DCBAHKGFEA。

试题 2. 根据先序遍历结果 ABDCEFGHK、中序遍历结果 BDCAEHGKF，写出后序遍历结果。

分析如下。

（1）根据先序遍历结果可以得到整个树的根节点是 A。

（2）从中序遍历结果得到 A 左边的 BDC 是左子树，EHGKF 是右子树。

（3）以 BDC 作为左子树先序遍历结果，说明 B 是子树的根；又由于中序遍历结果为 BDC，说明 DC 是在 B 的右子树上。

（4）先序遍历结果和中序遍历结果一样，说明根为 D，C 是 D 的右子树。

（5）回到 A 的右子树 *EHGKF* 这几个节点，先序遍历结果为 *E*，右子树根为 *E*。

（6）中序遍历结果为 *EHGKF*，说明 *HGKF* 在 E 的右子树。

（7）*HGKF* 的先序遍历结果为 *FGHK*，则 *F* 为根节点；中序遍历结果为 *HGKF*，则 *HGK* 为 F 的左子树。

（8）*HGK* 的先序遍历结果为 *GHK*，则 *G* 为根节点；中序遍历结果为 *HGK*，则 *H* 为左子树，*K* 为右子树。这样把树形结构还原之后，后序遍历结果为 *DCBAHKGFEA*。

满二叉树和完全二叉树的定义如下。

- 满二叉树：一棵深度为 k，且有 2^k-1 个节点的二叉树，每一层上的节点数都是最大节点数。
- 完全二叉树：深度为 k，有 n 个节点的二叉树当且仅当其每一个节点都与深度为 k 的满二叉树中编号从 1 至 n 的节点一一对应时，称为完全二叉树。叶子节点只可能在层次最大的两层上出现；对于任意节点，若其右子树下子孙节点的最大层次为 l，则其左子树下子孙节点的最大层次必为 l 或 $l+1$。

3. 图

图的遍历是指从图中的任意顶点出发，对图中的所有顶点访问一次且只访问一次。

图的遍历目前有深度优先搜索法和广度（宽度）优先搜索法两种算法。

深度优先搜索法是树的先序遍历的推广，它的基本思想是从图 G 的某个顶点 v_0 出发，访问 v_0，然后选择一个与 v_0 相邻且没被访问过的顶点 v_i 并访问，再从 v_i 出发选择一个与 v_i 相邻且未被访问的顶点 v_j 并访问，依此类推。如果当前被访问过的顶点的所有相邻顶点都已被访问，则退回已被访问的顶点序列中最后一个拥有未被访问的相邻的顶点 w，从 w 出发按同样的方法向前遍历，直到图中所有顶点都被访问。其递归算法如下。

```
Boolean visited[MAX_VERTEX_NUM]; //访问标志数组
Status (*VisitFunc)(int v); //VisitFunc()是访问函数,对图的每个顶点调用该函数
void DFSTraverse(Graph G,Status(*Visit)(int v)){
VisitFunc=Visit;
for(v=0;v<G.vexnum;++v)
    visited[v]=FALSE; //访问标志数组初始化
for(v=0;v<G.vexnum;++v)
    if(!visited[v])
        DFS(G,v); //对尚未访问的顶点调用DFS()函数
}
void DFS(Graph G,int v){ //从v出发递归地深度优先遍历图
visited[v]=TRUE; VisitFunc(v); //访问v
for(w=FirstAdjVex(G,v);w>=0;w=NextAdjVex(G,v,w))
//FirstAdjVex()返回v的第1个相邻顶点,若顶点在图中没有相邻顶点,则返回0
//若w是v的相邻顶点,NextAdjVex()返回v的（相对于w的）下一个相邻顶点
//若w是v的最后一个相邻顶点,则返回0
```

```
        if(!visited[w])
            DFS(G, w); //对 v 的尚未访问的相邻顶点 w 调用 DFS()函数
        }
```

图的广度优先搜索法是树的按层次遍历的推广，它的基本思想是首先访问初始点 v_i，并将其标记为已访问，然后访问 v_i 的所有未被访问的相邻顶点 $v_{i1}, v_{i2}, \cdots, v_{it}$，并均标记已访问，接着按照 $v_{i1}, v_{i2}, \cdots, v_{it}$ 的次序，访问每一个顶点的所有未被访问的相邻顶点，并均标记为已访问。以此类推，直到图中所有和初始点 v_i 有路径相通的顶点都被访问为止。其非递归算法如下：

```
Boolean visited[MAX_VERTEX_NUM]; //访问标志数组
Status (*VisitFunc)(int v); //VisitFunc()是访问函数, 对图的每个顶点调用该函数
void BFSTraverse (Graph G, Status(*Visit)(int v)){
VisitFunc=Visit;
for(v=0;v<G.vexnum,++v)
    visited[v]=FALSE;
    initQueue(Q); //置空辅助队列 Q
for(v=0;v<G.vexnum;++v)
    if(!visited[v]){
        visited[v]=TRUE; VisitFunc(v);
        EnQueue(Q,v); //v 入列
        while(!QueueEmpty(Q)){
        DeQueue(Q, u); //队头元素出队并设置为 u
        for(w=FirstAdjVex(G,u);w>=0;w=NextAdjVex(G,u,w))
        if(!Visited[w]){ //w 为 u 的尚未访问的相邻顶点
        Visited[w]=TRUE;VisitFunc(w);
        EnQueue(Q, w);
}
}
}
}
```

2.1.4　查找

考点

3 类查找算法及其时间复杂度

查找（又称检索），是实际应用中经常用到的操作，查找算法包括静态查找、动态查找和哈希查找 3 类算法。下面我们依次复习这 3 类查找算法的实现及优缺点。

1. 静态查找

顺序查找、有序查找都属于静态查找。其中，顺序查找的平均时间是 $\dfrac{n+1}{2}$，即时间复杂度为 $O(n)$。有序查找的前提是表必须是有序的，性能在平均分布的时候最优，平均

时间是 $\log_2(n+1)-1$，即时间复杂度为 $O(\log_2(n))$。

顺序查找算法的描述如下。其中，在顺序表 st 中查找元素 key，若找到，就返回索引；否则，返回 0。

```
Int Search(Stable st,keyType key)
{
    keyType I;
    st.elem[0].key=key;
    for(i=st.length;i>=0&&st.elem[i].key!=key;--i);
    return(i);
}
```

有序查找（折半查找）算法的描述如下。

```
Int Search(sTable st,keytype key)
{
   Keytype low,high,mid;
   Low=1;
   High=st.length; //设置区间初值
   While(low<=high)
   {
   Mid=(low+high)/2;
If(stelem[mid].key==key)return(mid);//找到待查元素
    Else if(st.elem[mid].key<key)low=mid+1;
   Else high=mid-1; //如果找不到，应根据不同情况缩小区间
   }
   Return 0;
}
```

2. 动态查找

动态查找的特点是表结构本身在查找过程中动态生成。对于给定的 key，若表中存在关键字等于 key 的记录，则查找成功返回；否则，插入关键字等于 key 的记录。

动态查找最常用的就是二叉排序树查找。二叉排序树查找法通过一系列的查找和插入过程形成树，按照中序遍历算法可以得到一个有序序列。

动态查找算法的描述如下。

```
//动态查找（二叉排序树查找）的链式存储结构定义
typedef struct BiTNode{
  ElemType data;
  Struct BiTNode *lchild,*rchild;
} BiTNode,*BiTree;
//二叉排序树的建立、查找，相关算法的实现和分析
BiTree SearchBST(BiTree bt,KeyType key){
   if(bt==NULL) return NULL;//查找失败
   else{
       if EQ(bt->data.key,key) return bt;//查找成功
else if LT(bt->data.key,key) return(SearchBST(bt->lchild,key));
       else  return(SearchBST(bt->lchild,key));
```

```
            }
}
void InsertBST(BiTree &bt,BiTree s){
//在二叉排序树中插入一个节点 s
if(bt==NULL) bt=s;
    else if EQ(s->data.key,bt->data.key) return ();//不插入节点
    else if LT(s->data.key,bt->data.key) InsertBST(bt->lchild,s);//不插入节点
    else InsertBST(bt->rchild,s);
}
void CreateBST(Bitree &bt){
//建立一棵二叉排序树，bt 指向根节点
  bt=NULL;
  do{
scanf(&x);
s=(BiTree)malloc(sizeof(BiTNode));s->data.key=x;s->lchild=s->rchild=NUL};
InsertBST(bt,s);}
While(x!=-1);//重复输入一系列值，直至输入的值等于-1 结束
}
Status DeleteBST(BiTree &bt,KeyType key){
//若 bt 指向的二叉排序树中存在关键字等于 key 的数据元素，则删除它
if(bt==NULL) return FALSE;
    else{ if EQ(s->data.key,bt->data.key) Delete(bt);//不插入节点
    else   if LT(s->data.key,bt->data.key) DeleteBST(bt->lchild,key);
    else   DeleteBST(bt->rchild,key);
}
```

二叉排序树的删除是一个性能瓶颈问题。在随机情况下，二叉排序树的平均查找时间是和 $\log_2 n$ 等数量级的。平衡二叉树用于平衡二叉排序树，当二叉排序树的左、右子树的差值的绝对值大于 1 时就需要平衡。平衡二叉树的平均查找时间是 $\log_2 n$ 数量级的。

3. 哈希查找

哈希查找是通过计算数据元素的存储地址进行查找的一种方法。

哈希查找的操作步骤如下。

（1）用给定的哈希函数建立哈希表。

（2）根据选择的冲突处理方法解决地址冲突。

（3）在哈希表的基础上进行哈希查找。

建立哈希表的操作步骤如下。

（1）取数据元素的 key，计算其哈希函数值（地址）。若该地址对应的存储空间没有被占用，则将该元素存入；否则，执行步骤（2）解决冲突。

（2）根据选择的冲突处理方法，计算 key 的下一个地址。若下一个地址仍被占用，则继续执行步骤（2），直到找到能用的地址为止。

哈希查找步骤如下。

（1）设哈希表为 HST[0~M-1]，哈希函数取 H(key)，解决冲突的方法为 $R(x)$。

（2）对给定 k 值，计算地址 Di=$H(k)$。若 HST 为空，则查找失败；若 HST=k，则查找成功；否则，执行步骤（2）（处理冲突）。

（3）重复计算处理冲突的下一个地址 Dk=R(Dk−1)，直到 HST[Dk]为空或 HST[Dk]=k 为止。若 HST[Dk]=k，则查找成功；否则，查找失败。

2.1.5　排序

 考点

各种排序算法及它们的时间复杂度

排序算法有很多，包括插入排序算法、冒泡排序算法、堆排序算法、归并排序算法、选择排序算法、计数排序算法、基数排序算法、桶排序算法、快速排序算法等。下面介绍几种常考的排序算法。

1．冒泡排序算法

简单的冒泡排序算法如下。

```
public void bubbleSort()
    {
    int out,in;
    for(out=nElems-1;out>0;out--)
       for(in=0;in<out;in++)
          if(a[in]>a[in+1])
             swap(in,in+1);
    }
```

上述冒泡排序算法的时间复杂度为 $O(n^2)$。

2．选择排序算法

常用的选择排序算法如下。

```
public void selectionSort()
    {
    int out,in,min;

    for(out=0;out<nElems-1;out++)
       {
       min=out;
       for(in=out+1;in<nElems;in++)
          if(a[in]<a[min] )
             min=in;
       swap(out,min);
       }
    }
```

上述选择排序算法的时间复杂度为 $O(n^2)$。

3. 插入排序算法

在插入排序算法中，一组数据在某个时刻是局部有序的，而在冒泡排序和选择排序中是完全有序的。

```
public void insertionSort()
    {
    int in,out;

    for(out=1;out<nElems;out++)
        {
        long temp=a[out];
        in=out;
        while(in>0&&a[in-1]>=temp)
            {
            a[in]=a[in-1];
            --in;
            }
        a[in]=temp;
        }
    }
```

上述插入排序算法的效率比冒泡排序的高一倍，比选择排序算法略高，但其时间复杂度也是 $O(n^2)$。如果数据基本有序，几乎需要 $O(n)$ 的时间。

4. 快速排序算法

快速排序算法的根本机制在于划分，划分数据就是把数据分为两组，使所有关键字大于特定值的数据项在一组，使所有关键字小于特定值的数据项在另一组。

```
public int partitionIt(int left,int right,long pivot)
    {
    int leftPtr=left-1;
    int rightPtr=right+1;
    while(true)
        {
        while(leftPtr<right &&
            theArray[++leftPtr]<pivot)
          ;

        while(rightPtr>left &&
            theArray[--rightPtr]>pivot)
          ;
        if(leftPtr>=rightPtr)
           break;
        else
           swap(leftPtr,rightPtr);
        }
    return leftPtr;
    }
```

快速排序算法本质上通过把一个数组划分为两个子数组，并递归地调用自身为每一个子数组进行快速排序。

综上所述，常用排序算法的时间复杂度对比如表 2.1 所示。

表 2.1　　　　　　　　常用排序算法的时间复杂度对比

常用排序算法	平均时间复杂度	最好时间复杂度	最坏时间复杂度
直接排序算法	$O(n^2)$	$O(n)$	$O(n^2)$
简单选择算法	$O(n^2)$	$O(n)$	$O(n^2)$
冒泡排序算法	$O(n^2)$	$O(n)$	$O(n^2)$
堆排序算法	$O(n\log_2 n)$	$O(n\log_2 n)$	$O(n\log_2 n)$
快速排序算法	$O(n\log_2 n)$	$O(n\log_2 n)$	$O(n\log_2 n)$

2.1.6　时间复杂度

算法的时间复杂度计算方法

算法的时间复杂度是数据结构中的重要理论基础，也是较难理解和掌握的问题之一。本节总结了计算时间复杂度的方法。

计算算法的时间复杂度的具体步骤如下。

（1）找出算法中的基本语句。算法中执行次数最多的那条语句就是基本语句，通常它是最内层循环的循环体。

（2）计算基本语句的执行次数的数量级。只计算最高次幂的，忽略所有低次幂和最高次幂的系数。

（3）用 $O()$ 记号表示算法的时间复杂度。将基本语句执行次数的数量级放入 $O()$ 记号中。对于并列循环，忽略；对于嵌套循环，相乘。例如，若一层循环的时间复杂度为 $O(n)$，两层循环的时间复杂度就是 $O(n^2)$，依此类推。

常见的算法时间复杂度由小到大依次如下。
$$O(1)<O(\log_2 n)<O(n)<O(n\log_2 n)<O(n2)<O(n3)<\cdots<O(2n)<O(n!)$$

2.1.7　笔试题和面试题

试题 1. 在一个长度为 n 的顺序存储线性表中，向第 i 个元素（$1\leqslant i\leqslant n+1$）之前插入一个新元素，需要从后向前依次后移几个元素？当删除第 i 个元素时，需要从前向后前移几个元素？

分析：考查线性表中顺序存储的特点。

答案：$n-i+1$，$n-i$。

试题 2. 已知链表的头节点 head，写一个函数把该链表逆序。

分析：考查线性表中链表逆序算法。

答案：

```
void List::reverse()
{
    list_node*p=head;
    list_node*q=p->next;
    list_node*r=NULL;
    while(q){;
            r=q->next;
            q->next=p;
            p=q;
            q=r;
    }
    head->next=NULL;
    head=p;
}
```

试题 3. 找出单向链表中的中间节点。

分析：有两个指针，一个指针的步长为 1，另一个指针的步长为 2。步长为 2 的指针指向链表末尾后步长为 1 的指针正好指向链表中间。

答案：

```
list_node*List::middleElement()
{
    list_node*p=head;
    list_node*q=head->next;
    while(q){;
            p=p->next;
            if(q)q=q->next;
            if(q)q=q->next;
    }
}
```

试题 4. 如何检查一个单向链表中是否有环？

分析：同样有两个指针，一个指针的步长为 1，另一个指针的步长为 2，如果两个指针能相遇则有环。

答案：

```
list_node*List::getJoinPointer()
{

        if(head==NULL||head->next==NULL)return NULL;
        list_node*one=head;
        list_node*two=head->next;
        while(one!=two){
                one=one->next;
                if(two)two=two->next;
                else break;
                if(two)two=two->next;
                else break;
        };
        if(one==NULL||two==NULL)return NULL;
        return one;
}
```

试题 5. 给定单链表，如果有环则返回，从头节点（head）进入环的第 1 个节点。

分析：如果有环，那么 $p1$ 与 $p2$ 的重合点 p 必然在环中。从 p 点断开环，方法为令 $p1=p$，$p2=p$->next，p->next=NULL。此时，原单链表可以看作两个单链表，一个从 head 开始，另一个从 $p2$ 开始，于是运用本节中试题 2 的方法，我们找到它们的第一个交点即可。

答案：

```
list_node*List::findCycleEntry()
{
        if(checkCycle()==false)return NULL;
        list_node*joinPointer=getJoinPoiter();
        list_node*p=head;
        list_node*q=joinPointer->next;
        While(p!=q)
        {
                p=p->next;
                q=q->next;
        }
        return p;
}
```

试题 6. 只给定单链表中某个节点 p（并非最后一个节点，即 p->next!=NULL），删除该节点。

分析：将 p 后面那个节点的值复制到 p，删除 p 后面的节点。

答案：

```
void List::deleteByPointer(list_node*node)
{
    if(node)
    {
        if(node->next){
            node->value=node->next->value;
            node->next=node->next->next;
        }
    }
}
```

试题 7. 在单链表节点 p 前面插入一个节点。

分析：首先在 p 后面插入一个节点，然后将 p 的值与后面一个节点的值互换。

答案：类似于本节中试题 6 的答案，此处省略。

试题 8. 给定单链表头节点，删除链表中倒数第 k 个节点。

分析：第一个指针指向链表头，第二个指针指向第 k 个节点，然后两个指针一起移动，若第二个指针指向链表末尾，则第一个指针指向倒数第 k 个节点。

答案：

```
list_node*List::lastKelement(int  k){
    Int t=k;
    list_node * p = head;
    while(p&&t){
        p=p->next;
        t--;
    }
    if(p==NULL&&t>0)return NULL;
    list_node*q=head;
    while(q&&p){
        p=p->next;
        q=q->next;
    }
    return q;
}
```

试题 9. 判断两个链表是否相交。

分析：有两种情况。如果链表中有环，则先在环里设定一个不动的指针，另一个链表的指针从头开始移动。如果另一个链表的指针能够与环中的指针相遇，则两个链表相交。如果链表中没有环，则判断两个链表的最后一个节点是否相同。若相同，则两个链表相交。

答案：

```
bool List::isIntersecting(const List & list)
{
    bool flag=false;
    if(this->checkCycle( ))
    {
        list_node*p=getJoinPointer( );
        list_node*q=list.head;
        while(q){
            if(q==p){;
                flag=true;
                break;
            }
            q=q->next;
        }
        flag=true;
    }
    else
    {
        list_node*p=head;
        list_node*q=list.head;
        while(p->next)p=p->next;
        while(q->next)q=q->next;
        if(p==q)flag=true;
        else flag=false;
    }
    Return flag;
}
```

试题 10. 若两个链表相交，找出交点（2009 年华为校园招聘笔试题）。

分析： 求出两个链表的长度 a 和 b，一个指针指向较短链表的头 head，另一个指针指向较长链表的第（head+$|a-b|$）个节点，然后两个指针一起移动，相遇处即为交点。

答案：

```
list_node*List::intersectNode(const List&list)
{
    if(!isIntersecting(list))return NULL;
    int a=cnt;
    int b=list.cnt;
    list_node*p;
    list_node*q;
    if(a<b){p=list.head;q=head;}
    else{p=head; q=list.head;}
    a=abs(cnt-list.cnt);
    while(p&&a)
    {
        p=p->next;
        a--;
    }
    while(p&&q)
```

```
        {
            if(q==p)break;
            p=p->next;
             q=q->next;
        }
    if(p&&q&&p==q)return p;
     return NULL;
}
```

试题 11．实现库函数 strcpy(char * des, const char * src)。

答案：注意要点见 2.1.2 节。

试题 12．请说出树的深度优先、广度优先搜索，以及非递归实现的特点。

分析：该题考核的树的两种遍历方法，见 2.1.3 节。

答案：深度优先搜索是一条分支一条分支进行遍历的，广度优先搜索是一层一层进行遍历的；深度优先的非递归实现利用栈，广度优先的非递归实现利用队列。其具体实现见 2.1.3 节。

试题 13．对于一棵二叉树，如何判断它是否是完全二叉树？

分析：考查二叉树的特性，二叉树的第 5 条特性是关于完全二叉树的。

答案：如果二叉树的最大节点为 i，父节点是 $i/2$，那么它就是完全二叉树。

试题 14．一个典型的大型项目通常由众多模块构成，在构建整个系统时，这些模块之间复杂的编译依赖是让人头疼的地方之一。现在就有这样的一个大型项目，它由 N（$N>1000$）个模块构成，每个模块都是可以编译的，但模块之间存在编译依赖，如模块 $N1$ 依赖 $N2$，即编译 $N1$ 时，$N2$ 必须已经先编译完成，否则 $N1$ 不能完成编译，但模块之间没有循环依赖的问题。请设计一种快速算法，以完成整个项目的编译构建过程，并给出算法的时间复杂度。

分析：按照题意，假设 N=8，将 8 个模块的关系画出来（注意，不能循环依赖，一个模块可以依赖多个其他模块，一个模块可以被多个模块依赖），如图 2.9 所示。其中 S 表示编译起点，E 表示编译终点，箭头指向表示被依赖关系，即 $N5$ 依赖 $N1$、$N2$、$N3$ 这 3 个模块。

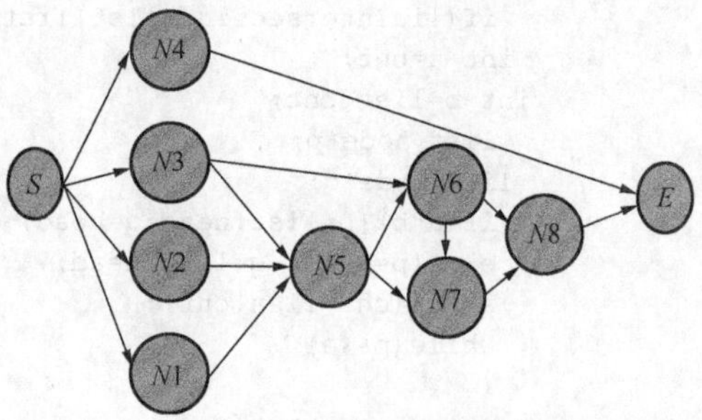

图 2.9　N 个模块的关系

由此可以看出，合理的编译流程应该是从 S 出发，当一个节点的前驱节点都编译完成后，该节点才可以编译。该题考查的是图的遍历的灵活运用。

　　可以考虑从 S 开始对节点深度进行标号，起始深度为 0。使用广度优先搜索算法扫描节点，对未标记过深度的节点，深度加 1。对比已标记过的节点深度（已标记深度）和上一个节点的深度加 1 后的值，取最大值。按照该深度标记完整张图之后，假设最大深度为 k，建立大小为 k 的链表 a。再次扫描所有节点，将深度为 1 的节点链接到 $a[1]$，深度为 m 的节点链接到 $a[m]$。最后，从 $a[1]$编译执行到 $a[m]$。

　　答案：

```
{
    string modeName;
    Int depth=-1;
    arrayList <node> nextNodes;
}
Int  MaskTask(node PreTask) //利用队列，采用图的广度搜索算法给节点加上深度标记
{   Queue*queue;
    Int maxDepth=0;
    preTask.depth=0;
    queue.push(preTask);
    While(!queue.isEmpty())
    {
        node tmp=queque.pop();
        ArrayList <node> nexts=tmp.nextNodes;
        For(int i=0;i<nexts.lenths;i++)
        {
            If(nexts[i].depth==-1)
            {
                nexts[i].depth=tmp.depth+1;
                tmp.push(nexts[i]);
            }
            Else
            {
                If((tmp.depth+1)>nexts[i].depth)
                        {
            nexts[i].depth=tmp.depth+1;
            tmp.push(nexts[i]);
        }
    }
    maxDepth=nexts[i].depth;
    }
    Return maxDepth;
}


arraylist SortTask(node PreTask,int maxDepth)//将标记的节点整理排序
{
```

```
    Queue element;
    ArrayList nodelist;
    For(int i=0;i<maxDepth;i++)
    {
        Nodelist.add(new arraylist());
    }
    Element.push(preTask);
    While(!element.isEmpth())
    {
        Node tmp=element.pop();
        Int tmpDepth=tmp.depth;
        If(Nodelist[tmpDepth-1].Notexist(tmp))
        {
            Nodelist[tmpDepth-1].add(tmp);
        }
        For(int j=0;j<=tmp.nextNodes.length;j++)
        {
            Element.push(tmp.nextNodes[j]);
        }
    }
    Return nodelist;
}


Void DoCompile( Node PreTask)
{   int depth=MaskTask(Node PreTask);
    Arraylist nl=SortTask(Node PreTask,depth);
    For(int i=0;i<nl.length;i++)
{   arraylist al=nl[i];
    For(int j=0;j<=al.length;j++)
        {
            Comile(al[j]);//编译节点
        }
}
}
```

通过广度优先搜索算法计算节点深度的时间复杂度为 $O(n+e)$，其中 n 为节点个数，e 为边数。扫描完后节点分类的时间复杂度也是 $O(n+e)$，编译的时间复杂度为 $O(n)$。因此，整个算法的时间复杂度为 $O(n)$。

试题 15．如果有一个大文本文件（保存各种词语），每次搜索都必须检查查询词是否在这个大文件中，请问通过什么方式能够提高查找效率？请讲解所使用的算法。

分析：考查基本数据结构，灵活采取算法处理实际问题的能力，快速编程能力，在给出一定提示的情况下，检查学习能力和知识应用能力。

答案：基本方法是采用哈希签名，提高匹配效率；建立多叉树，保存文件数据，提高查找速度。

较优方法是在上面的基础上，将文本文件转化为 key->value 的二进制文件，提高文件操作和查找速度。

更优方法是在上面的基础上，开辟内存作为调整缓存，保存高频率查询词，提高整体查找效率，如给出缓存的更新机制。

试题 16．函数 void log(int, char, long)调用栈的结构是什么样的？

分析：考查函数压栈的顺序、字节对齐等。

答案：按照从右到左的压栈顺序，注意高地址和低地址，压栈时以机器字长为单位且所有参数按字对齐，栈的结构如图 2.10 所示。

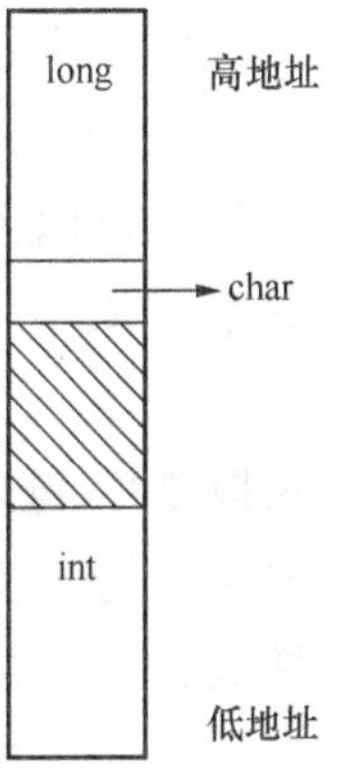

试题 17．有一份成绩单，只有两个字段，即姓名和成绩，数据量在百万级别。要求用最优的数据存储方式，通过姓名快速查找出成绩。

答案：哈希存储。

图 2.10　栈的结构

试题 18．快速排序的平均时间复杂度是多少？最坏时间复杂度是多少？在哪些情况下会出现最坏时间复杂度？

分析：考查排序算法。

答案：快速排序算法的时间复杂度为 $O(n\log_2 n)$，最坏时间复杂度为 $O(n^2)$，在待排序列正序或者逆序的情况下会出现最坏时间复杂度。

试题 19．请用你熟悉的任意语言实现一个冒泡算法，并写出它的时间复杂度。

分析：考查基本算法知识。

答案：见 2.1.5 节。

试题 20．栈和队列的共同特点是什么？

分析：考查栈和队列的概念。

答案：栈和队列都只能在端点处插入与删除元素。

试题 21．栈通常采用的两种存储结构是什么？

分析：栈属于线性表的一种，线性表的存储结构有两种。

答案：顺序存储结构和链式存储结构。

试题 22. 下列关于栈的叙述正确的是（　　　）。

A．栈具有非线性结构　　　　　　　　　B．栈具有树状结构

C．栈具有先进先出的特征　　　　　　　D．栈具有后进先出的特征

分析：考查栈的概念。

答案：D。

试题 23. 链表不具有的特点是（　　　）。

A．不必事先估计存储空间　　　　　　　B．可随机访问任意元素

C．插入和删除操作中不需要移动元素　　D．所需空间与线性表长度成正比

分析：该题考查链表的特点，B 属于顺序存储结构的特点。

答案：B。

试题 24. 链表的优点是什么？

分析：考查链表的特点。

答案：便于插入和删除操作，动态申请空间。

试题 25. 线性表若采用链式存储，要求内存中可用的存储单元地址（　　　）。

A．连续

B．部分地址连续

C．一定不连续

D．连续、不连续都可以

分析：考查链表的特点。

答案：D。

试题 26. 在深度为 5 的满二叉树中，叶子节点的个数是多少？

分析：考查二叉树的特性及满二叉树的概念。满二叉树中叶子节点的个数为 $2^{depth}-1$。注意，不要按照完全二叉树计算。

答案：31。

试题 27. 已知二叉树后序遍历结果是 dabec，中序遍历结果是 debac，它的前序遍历结果是什么？

分析：考查二叉树的遍历方式，2.1.3 节中有讲解，先画出二叉树，再遍历。

答案：cedba。

试题 28. 已知二叉树前序遍历结果与中序遍历结果分别是 ABDEGCFH 和 DBGEACHF，

则该二叉树的后序遍历结果是什么？

分析：同本节的试题 27。

答案：DGEBHFCA。

试题 29．字符串的长度定义是什么？

分析：考查串的概念。

答案：字符串中所包含的字符个数。

试题 30．判断两个数组中是否存在相同的数字。给定两个排好序的数组，怎样高效判断这两组数中有相同的数字？

分析：首先考虑时间复杂度为 $O(n\log_2 n)$ 的算法。任意挑选一个数组，遍历该数组的所有元素。在遍历过程中，在另一个数组中对第 1 个数组中的每个元素进行二叉树搜索。还可以采用时间复杂度为 $O(n)$ 的算法，因为两个数组都是排好序的，所以只需要遍历一次即可。

答案：首先设置两个索引，分别初始化为两个数组的起始地址，然后依次向前推进。推进的规则是比较两个数组中的数字，小的数组的索引向前推进一步，直到任何一个数组的索引到达数组末尾。若此时还没有碰到相同的数字，则说明数组中没有相同的数字。

试题 31．在需要经常查找节点的前驱和后继的场合中，使用（　　　）比较合适。

A．单链表　　　　　　B．双链表　　　　　　C．顺序链表　　　　　D．循环链表

分析：考查链表的运用。

答案：B。

试题 32．对长度为 n 的线性表进行顺序查找，在最坏情况下所需要的比较次数是多少？

分析：考查查找算法。

答案：最坏情况下比较 n 次。

试题 33．最简单的交换排序方法是什么？

答案：冒泡排序。

试题 34．线性表的长度为 n，在最坏情况下，冒泡排序需要的比较次数是多少？

分析：考查冒泡排序。

答案：$n(n-1)/2$。

试题 35. 在待排序元素基本有序的前提下，效率最高的排序方法是什么？

答案：冒泡排序。

试题 36. 在最坏情况下，时间复杂度最小的排序方法是什么？

答案：堆排序。

试题 37. 堆排序法属于什么排序？

答案：选择排序。

试题 38. 对 N 个数进行快速排序算法的平均时间复杂度是多少？

分析：见 2.1.5 节中表 2.1。

答案：$O(N\log_2 N)$。

试题 39. 把整数转换成字符串。

分析：2.1.2 节中有算法描述。

答案：

```
/*把整数转化成字符串*/
char *IntToStr(int num,char str[])
{
    int i=0,j=0;
    char temp[100];
    while(num)
    {
        temp[i]=num%10+'0';
        num=num/10;
        i++;
    }
    temp[i]=0;      //字符串结束标志

    i=i-1;        //回到temp中最后一个有意义的数字
    while(i>=0)
    {
        str[j]=temp[i];
        i--;
        j++;
    }
    str[j]=0;      //字符串结束标志
```

```
    return str;
}
```

试题 40. 判断以下 8 位二进制数（补码形式）的加法运算是否会产生溢出。

（a）11000010+00111111

（b）00000010+00111111

（c）11000010+11111111

（d）00000010+11111111

分析：手动进行计算，判断依据是正数+正数=负数，负数+负数=正数。

答案：

（a）11000010+00111111 表示负数+正数，不可能溢出。

（b）00000010+00111111=01000001，正数+正数=正数，没有溢出。

（c）11000010+11111111=11000001，负数+负数=负数，没有溢出。

（d）00000010+11111111 表示正数+负数，不可能溢出。

试题 41. 在不借助第 3 个变量的情况下，互换两个 int 类型的变量 X、Y 的值，用任何自己熟悉的编程语言完成。

分析：思路为 X=X+Y，Y=X-Y，X=X-Y。

答案：略。

试题 42. 请问以下代码有什么问题？

```
int  main()

{

    char a;

    char *str=&a;

    strcpy(str,"hello");

    printf(str);

    return 0;

}
```

答案：没有为 str 分配内存空间，因此将发生异常。问题出在将一个字符串复制进一个字符变量指针所指地址。虽然以上代码可以正确输出结果，但会因为越界进行内存读写而导致程序崩溃。

2.2 操作系统

操作系统是用户和计算机的接口。笔试当中，操作系统方面的试题也占很大比例。进程与线程、虚拟内存和 Shell 命令是操作系统中的三大考查热点。

2.2.1 进程与线程

- 线程与进程的概念、通信方式
- 进程同步机制、死锁
- 多线程优缺点

进程是一个程序在其自身的地址空间中的一次运行活动，是资源申请、调度和独立运行的单位。

线程是进程中单一的连续控制流程，一个进程可以拥有多个线程。线程调度有两种方式——抢占式（如 Windows NT、UNIX、OS/2 中）和非抢占式（如 DOS、Windows 3.x 中）。

进程和线程的区别在于，线程没有独立的存储空间，而和所属进程中的其他线程共享一个存储空间。

线程有 5 个状态——新建、就绪、运行、阻塞、死亡。各个状态之间的转换如图 2.11 所示。

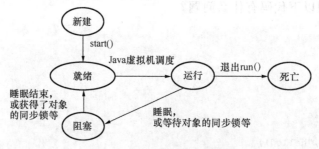

图 2.11　各个状态之间的转换

线程间的通信一般用 wait()方法、notify()方法和 notifyAll()方法，它们都是 Object 类的方法，每个类都默认拥有。

wait()方法可以使调用其线程释放共享资源的锁，然后从运行状态中退出，进入等待队列，直到被再次唤醒。

notify()方法可以唤醒等待队列中第一个等待同一共享资源的线程，并使该线程退出等待队列，进入就绪状态。

　　notifyAll()方法可以使所有正在等待队列中等待同一共享资源的线程从等待状态退出，进入就绪状态。此时，优先级最高的那个线程最先运行。

　　Windows 系统用文件映射、内存共享、匿名管道、命名管道、邮件槽、剪贴板、动态数据交换、对象连接与嵌入、动态链接库、远程过程调用、NetBIOS 通信、套接字通信来进行进程之间的通信。

　　进程互斥是进程之间发生的一种间接性作用，一般是程序不希望发生的，通常的情况是两个或两个以上的进程需要同时访问某个共享变量。我们一般将能够访问共享变量的程序段称为临界区。若两个进程同时进入临界区，就会导致数据的不一致，产生与时间有关的错误。因此，两个进程不能同时进入临界区。解决互斥问题应该遵守互斥和公平两个原则，即任意时刻只允许一个进程处于同一共享变量的临界区，而且不能让任意进程无限期地等待。

　　进程同步是进程之间直接的相互作用，是进程间有意识的行为。

　　进程之间的同步互斥通过信号量、管程、汇合和分布式系统来实现。

　　由于进程之间抢占资源，因此容易形成死锁。死锁是由于两个或多个进程都无法得到相应的锁而造成的所有进程处于等待状态的现象。死锁有如下 4 个必要条件。

　　（1）互斥使用（资源独占）。一个资源每次只能供一个进程使用。

　　（2）不可强占（不可剥夺）。资源申请者不能强行从资源占有者手中夺取资源，资源只能由占有者自愿释放。

　　（3）请求和保持（部分分配，占有申请）。一个进程在申请新的资源的同时保持对原有资源的占有（只有这样才是动态申请，动态分配）。

　　（4）循环等待。

　　假如存在如下一个进程等待队列。

```
{P1 , P2 , … , Pn},
```

　　其中 P1 等待 P2 占有的资源，P2 等待 P3 占有的资源……Pn 等待 P1 占有的资源，形成一个进程等待环路。

　　死锁的处理策略如下。

　　（1）忽略该问题。

　　（2）检测死锁并且恢复。

　　（3）仔细地对资源进行动态分配，以避免死锁。

　　（4）通过解除死锁的 4 个必要条件之一来防止死锁产生。

　　多线程有两种实现方法，分别是继承 Thread 类与实现 Runnable 接口。通过继承 Thread 类创建的多个线程虽然运行的是相同的代码，但彼此相互独立，且各自拥有自己的资源，互不干扰。而通过实现 Runnable 接口可以使多个线程拥有同一资源，所以一般在定义资源对象时实现 Runnable 接口。相对于扩展 Thread 类来说，实现 Runnable 接口具有无可比拟的优势。这种方式不但有利于提高程序的健壮性，使代码能够被多个线程共享，而且代码和数据资源相对独立，从而特别适合多个具有相同代码的线程处理同一资源的情况。这样，线程、代码和数据资源三者有效分离，很好地体现了面向对象程序设计的思想。

多线程的优点是提高并发性，提高效率；缺点是数据同步困难，开发调试困难，随意使用多线程会降低效率（过犹不及），不能随意使用多线程。

2.2.2　虚拟内存

- 逻辑地址、物理地址的计算方法
- 虚拟内存的概念、优点
- 换页算法

当运行一个程序时，程序中有许多东西需要存储，因此需要用到堆、栈及各种功能库。在你写程序时可能都不需要自己控制，因为 Linux 内核会帮你完成存储的调度，你只需要告诉它你想做什么，内核就会在合适的地方为你分配空间。

Linux 内核对整个系统中物理内存的管理是通过类型为 struct page 的数组 mem_map 进行的。系统中的伙伴系统分配算法最终通过操作这个数组来记录物理内存的分配、回收等操作。

本节有如下几个概念需要理解。

- 逻辑地址（logical address）是指由程序产生的与段相关的偏移地址。例如，在 C 语言中，可以读取指针变量本身的值（&操作），实际上该值就是逻辑地址，它是相对于当前进程中数据段的地址，与绝对物理地址无关。程序员仅需与逻辑地址打交道，而分段和分页机制对于程序员来说是完全"透明"的，仅由系统编程人员涉及。程序员虽然自己可以直接操作内存，但只能在操作系统为其分配的内存段进行操作。
- 线性地址（linear address）是指逻辑地址到物理地址变换之间的中间层。程序代码会产生逻辑地址（或者称为段中的偏移地址），加上相应段的基地址就生成了线性地址。若没有启用分页机制，那么线性地址就是物理地址。
- 物理地址（physical address）是指出现在 CPU 外部地址总线上的寻址物理内存的地址，是地址变换的最终结果。如果启用了分页机制，那么线性地址会使用页目录和页表中的项变换成物理地址；如果没有启用分页机制，线性地址就直接成为物理地址。
- 虚拟内存（virtual memory）是指计算机呈现出要比实际拥有的内存大得多的内存，因此它允许程序员编译并运行需要的内存比实际系统拥有的内存大得多的程序。这使得许多大型项目能够在具有有限内存资源的系统上实现。

虚拟地址到物理地址的转化方法是与体系结构相关的，一般来说有分段、分页两种方式。以现在的 x86 CPU 为例，它对于分段和分页都是支持的。内存管理单元（Memory Mangement Unit，MMU）负责从虚拟地址到物理地址的转化。逻辑地址是段标识+段内偏移量的形式，MMU 通过查询段表，可以把逻辑地址转化为线性地址。如果 CPU 没有开启分页功能，那么线性地址就是物理地址；如果 CPU 开启了分页功能，MMU 还需要查询页表来将线性地址转化为物理地址，具体过程如下。

逻辑地址→段表→线性地址→页表→物理地址

不同的逻辑地址可以映射到同一个线性地址，不同的线性地址也可以映射到同一个物理地址，所以它们之间均是多对一的关系。另外，在发生换页以后，同一个线性地址也可能被重新装载到另外一个物理地址上，所以这种多对一的映射关系也会随时间发生变化。

在进程运行过程中，如果它访问的页面不在内存中而需要将页面调入内存，但内存没有空闲空间，就从内存中调出一页程序或者数据并放到磁盘的对换区中。应该调用哪个根据换页算法决定。页面的更换频率越低越好。换页算法的类型如下。

- 先进先出（First In First Out，FIFO）：最直观，性能最差，总是淘汰最先进入内存的页面（选择在内存中驻留时间最久的页面予以淘汰）。
- 最近最少使用（Least Recently Used，LRU），给每个页面一个访问字段，用来记录一个页面自上次被访问以来所经历的时间 t，当淘汰一个页面时，选择现有页面中 t 值最大的予以淘汰。其页面访问图与最少使用（Least Frequently Used，LFU）算法完全相同。
- 最佳置换（Optimal Replacement，OPT），性能最好，所选择的被淘汰页在以后永不使用，或者在未来一段时间内不再访问。

2.2.3　Shell 命令

考点

- 系统信息
- 关机操作
- 文件、磁盘管理
- 用户操作
- 软件安装
- 备份
- 网络

1. 与系统信息相关的指令

- arch：显示计算机的处理器架构的一种方式。
- uname -m：显示计算机的处理器架构的另一种方式。
- uname -r：显示正在使用的内核版本。
- dmidecode -q：显示硬件系统部件（SMBIOS/DMI）。
- hdparm -i /dev/hda：罗列一个磁盘的架构特性。
- hdparm -tT /dev/sda：在磁盘上执行测试性读取操作。
- cat /proc/cpuinfo：显示 CPU 的信息。
- cat /proc/interrupts：显示中断。
- cat /proc/meminfo：校验内存使用情况。
- cat /proc/swaps：显示哪些交换分区被使用。
- cat /proc/version：显示内核的版本。
- cat /proc/net/dev：显示网络适配器及统计。
- cat /proc/mounts：显示已加载的文件系统。
- lspci -tv：显示 PCI 设备。
- lsusb -tv：显示 USB 设备。
- date：显示系统日期。
- cal 2007：显示 2007 年的日历表。
- date 041217002007.00：设置日期和时间。
- clock -w：将时间修改并保存到 BIOS。

2. 与关机操作相关的指令

- shutdown -h now：关闭系统的第 1 种方式。
- init 0：关闭系统的第 2 种方式。
- telinit 0：关闭系统的第 3 种方式。
- shutdown -h hours:minutes &：按预定时间关闭系统。
- shutdown -c：取消按预定时间关闭系统。
- shutdown -r now：重启的一种方式。
- reboot：重启的另一种方式。
- logout：注销。

3. 与文件、磁盘管理相关的指令

- cd /home：进入/ home 目录。
- cd ..：返回上一级目录。
- cd ../..：返回上两级目录。

- cd：进入个人的主目录。
- cd~user1：进入个人的主目录。
- cd -：返回上次所在的目录。
- pwd：显示工作路径。
- ls：查看目录中的文件。
- ls -F：查看目录中的文件。
- ls -l：显示文件和目录的详细资料。
- ls -a：显示隐藏文件。
- ls *[0-9]*：显示包含数字的文件名和目录名。
- tree 或 lstree：显示文件和目录由根目录开始的树形结构。
- mkdir dir1：创建一个名为 dir1 的目录。
- mkdir dir1 dir2：同时创建两个目录。
- mkdir -p /tmp/dir1/dir2：创建一个目录树。
- rm -f file1：删除一个名为 file1 的文件。
- rmdir dir1：删除一个名为 dir1 的目录。
- rm -rf dir1：删除一个名为 dir1 的目录并同时删除其内容。
- rm -rf dir1 dir2：同时删除两个目录及其内容。
- mv dir1 new_dir：重命名/移动一个目录。
- cp file1 file2：复制一个文件。
- cp dir/*：复制一个目录下的所有文件到当前工作目录。
- cp -a /tmp/dir1：复制一个目录到当前工作目录。
- cp -a dir1 dir2：复制一个目录。
- ln -s file1 lnk1：创建一个指向文件或目录的软链接。
- ln file1 lnk1：创建一个指向文件或目录的物理链接。
- touch -t 0712250000 file1：修改一个文件或目录的时间戳（年月日时分）。
- file file1 outputs the mime type of the file as text：查看文件内容。
- cat file1：从第一字节开始正向查看一个文件的内容。
- tac file1：从最后一行开始反向查看一个文件的内容。
- more file1：查看一个长文件的内容。
- less file1：类似于 more 命令，但是它允许在文件中正向操作和反向操作。
- head -2 file1：查看一个文件的前两行。
- tail -2 file1：查看一个文件的最后两行。
- tail -f /var/log/messages：实时查看被添加到一个文件中的内容。

4. 与文本处理相关的指令

- cat file1 | command(sed, grep, awk, grep, etc...) > result.txt：合并一个文件的详细说明文本，并将简介写入一个新文件中。
- cat file1 | command(sed, grep, awk, grep, etc...) >> result.txt：合并一个文件的详细说明文本，并将简介写入一个已有的文件中。
- grep Aug /var/log/messages：在文件/var/log/messages 中查找关键词 Aug。
- grep ^Aug /var/log/messages：在文件/var/log/messages 中查找以 Aug 开始的词汇。
- grep [0-9] /var/log/messages：选择/var/log/messages 文件中所有包含数字的行。
- grep Aug -R /var/log/*：在目录/var/log 及随后的目录中搜索字符串 Aug。
- sed 's/stringa1/stringa2/g' example.txt：将 example.txt 文件中的 string1 替换成 string2。
- sed '/^$/d' example.txt：从 example.txt 文件中删除所有空白行。
- sed '/ *#/d; /^$/d' example.txt：从 example.txt 文件中删除所有注释和空白行。
- echo 'esempio' | tr '[:lower:]' '[:upper:]'：合并上下单元格的内容。
- sed -e '1d' example.txt：从文件 example.txt 中删除第一行。
- sed -n '/stringa1/p'：查看只包含词汇 string1 的行。
- sed -e 's/ *$//' example.txt：从文件 example.txt 中删除每一行最后的空白字符。
- sed -e 's/stringa1//g' example.txt：从文件 example.txt 中删除词汇 string1 并保留剩余的内容。
- sed -n '1,5p;5q' example.txt：在文件 example.txt 中查看从第 1 行到第 5 行的内容。
- sed -n '5p;5q' example.txt：在文件 example.txt 中查看第 5 行。
- sed -e 's/00*/0/g' example.txt：在文件 example.txt 中用单个 0 替换多个 0。
- cat -n file1：标识文件的行数。
- cat example.txt | awk 'NR%2==1'：删除 example.txt 文件中的所有偶数行。
- echo a b c | awk '{print $1}'：查看 1 行的第 1 列。
- echo a b c | awk '{print $1,$3}'：查看 1 行的第 1 列和第 3 列。
- paste file1 file2：合并两个文件或两栏的内容。
- paste -d '+' file1 file2：合并两个文件或两栏的内容，中间用"+"区分。
- sort file1 file2：对两个文件的内容排序。
- sort file1 file2 | uniq：取出两个文件的并集（重复的行只保留一份）。
- sort file1 file2 | uniq -u：删除交集，留下其他的行。
- sort file1 file2 | uniq -d：取出两个文件的交集（只留下同时存在于两个文件中的内容）。
- comm -1 file1 file2：比较两个文件的内容，只删除 file1 所包含的内容。
- comm -2 file1 file2：比较两个文件的内容，只删除 file2 所包含的内容。

- comm -3 file1 file2：比较两个文件的内容，只删除两个文件共有的部分。

5. 与字符设置和文件格式转换相关的指令

- dos2unix filedos.txt fileunix.txt：将一个文本文件的格式从 MS-DOS 格式转换成 UNIX 格式。
- unix2dos fileunix.txt filedos.txt：将一个文本文件的格式从 UNIX 格式转换成 MS-DOS 格式。
- recode ..HTML < page.txt > page.html：将一个文本文件转换成 html 格式。
- recode -l | more：显示所有允许的转换格式。

6. 初始化一个文件系统的指令

- mkfs /dev/hda1：在 hda1 分区创建一个文件系统。
- mke2fs /dev/hda1：在 hda1 分区创建一个 Linux ext2 文件系统。
- mke2fs -j /dev/hda1：在 hda1 分区创建一个 Linux ext3（日志型）文件系统。
- mkfs -t vfat 32 -F /dev/hda1：创建一个 FAT32 文件系统。
- fdformat -n /dev/fd0：格式化一张软盘。
- mkswap /dev/hda3：创建一个 swap 文件系统。
- iconv -l：列出已知的编码。
- find / -name file1：从/开始进入根文件系统并搜索文件和目录。
- find / -user user1：搜索属于用户 user1 的文件和目录。
- find /home/user1 -name *.bin：在目录/ home/user1 中搜索扩展名为.bin 的文件。
- find /usr/bin -type f -atime +100：搜索在过去 100 天内未使用过的执行文件。
- find /usr/bin -type f -mtime -10：搜索在 10 天内创建或者修改过的文件。
- find / -name *.rpm -exec chmod 755 '{}' \;：搜索以.rpm 为扩展名的文件并定义其权限。
- find / -xdev -name *.rpm：搜索以.rpm 为扩展名的文件，忽略光驱、键盘等可移动设备。
- locate *.ps：寻找以.ps 为扩展名的文件，先执行 updatedb 命令。
- whereis halt：显示二进制文件、源码或 man 的位置。
- which halt：显示二进制文件或可执行文件的完整路径。
- df -h：显示已经挂载的分区列表。
- ls -lSr |more：以尺寸大小排列文件和目录。
- du -sh dir1：估算目录"dir1"已经使用的磁盘空间。
- du -sk * | sort -rn：以容量大小为依据依次显示文件和目录的大小。
- rpm -q -a --qf '%10{SIZE}t%{NAME}n' | sort -k1,1n：以大小为依据依次显示已安装的 rpm 包所使用的空间（Fedora、Red Hat 类操作系统）。
- dpkg-query -W -f='${Installed-Size;10}t${Package}n' | sort -k1,1n：以大小为依据

　　显示已安装的 deb 包所使用的空间（Ubuntu、Debian 类操作系统）。

- chattr +a file1：只允许以追加方式读写文件。
- chattr +c file1：允许这个文件能被内核自动压缩/解压。
- chattr +d file1：在进行文件系统备份时，Dump 程序将忽略这个文件。
- chattr +i file1：设置成不可变的文件，不能被删除、修改、重命名或者链接。
- chattr +s file1：允许一个文件被安全地删除。
- chattr +S file1：一旦应用程序对这个文件执行了写操作，使系统立刻把修改的结果写到磁盘。
- chattr +u file1：若文件被删除，系统允许你在以后恢复这个被删除的文件。
- lsattr：显示特殊的属性。
- bunzip2 file1.bz2：解压一个名为 file1.bz2 的文件。
- bzip2 file1：压缩一个名为 file1 的文件。
- gunzip file1.gz：解压一个名为 file1.gz 的文件。
- gzip file1：压缩一个名为 file1 的文件。
- gzip -9 file1：最大限度压缩一个名为 file1 的文件。
- rar a file1.rar test_file：创建一个名为 file1.rar 的包。
- rar a file1.rar file1 file2 dir1：同时压缩 file1、file2 及目录 dir1。
- rar x file1.rar：压缩 rar 包。
- unrar x file1.rar：解压 rar 包。
- ztar -cvf archive.tar file1：创建一个非压缩的存档文件。
- tar -cvf archive.tar file1 file2 dir1：创建一个包含 file1、file2 及 dir1 的存档文件。
- tar -tf archive.tar：显示一个包中的内容。
- tar -xvf archive.tar：释放一个包。
- tar -xvf archive.tar -C /tmp：将压缩包释放到/tmp 目录下。
- tar -cvfj archive.tar.bz2 dir1：创建一个 bzip2 格式的压缩包。
- tar -xvfj archive.tar.bz2：解压一个 bzip2 格式的压缩包。
- tar -cvfz archive.tar.gz dir1：创建一个 gzip 格式的压缩包。
- tar -xvfz archive.tar.gz：解压一个 gzip 格式的压缩包。
- zip file1.zip file1：创建一个 zip 格式的压缩包。
- zip -r file1.zip file1 file2 dir1：将几个文件和目录同时压缩成一个 zip 格式的压缩包。
- unzip file1.zip：解压一个 zip 格式的压缩包。

7. 与用户操作相关的指令

- groupadd group_name：创建一个新用户组。

- groupdel group_name：删除一个用户组。
- groupmod -n new_group_name old_group_name：重命名一个用户组。
- useradd -c "Name Surname " -g admin -d /home/user1 -s /bin/bash user1：创建一个属于 admin 用户组的用户。
- useradd user1：创建一个新用户。
- userdel -r user1：删除一个用户（-r 用于排除主目录）。
- usermod -c "User FTP" -g system -d /ftp/user1 -s /bin/nologin user1：修改用户信息。
- passwd：修改口令。
- passwd user1：修改一个用户的口令（只允许 root 执行）。
- chage -E 2005-12-31 user1：设置用户口令的失效期限。
- pwck：检查/etc/passwd 的文件格式和语法修正及存在的用户。
- grpck：检查/etc/passwd 的文件格式和语法修正及存在的群组。
- newgrp group_name：登录一个新的群组以改变新创建文件的预设群组。
- ls -lh：显示权限。
- ls /tmp | pr -T5 -W$COLUMNS：将终端划分成 5 栏并显示。
- chmod ugo+rwx directory1：设置目录的所有人（u）、群组（g）及其他人（o）的读（r）、写（w）和执行（x）权限。
- chmod go-rwx directory1：删除群组（g）与其他人（o）对目录的读、写执行权限。
- chown user1 file1：改变一个文件的所有人属性。
- chown -R user1 directory1：改变一个目录的所有人属性，同时改变该目录下所有文件的属性。
- chgrp group1 file1：改变文件的群组。
- chown user1:group1 file1：改变一个文件的所有人和群组属性。
- find / -perm -u+s：显示一个系统中所有使用了 SUID 位的文件。
- chmod u+s /bin/file1：设置一个二进制文件的 SUID 位，执行该文件的用户也被赋予和所有者同样的权限。
- chmod u-s /bin/file1：禁用一个二进制文件的 SUID 位。
- chmod g+s /home/public：设置一个目录的 SGID 位，类似于 SUID，但这是针对目录的。
- chmod g-s /home/public：禁用一个目录的 SGID 位。
- chmod o+t /home/public：设置一个文件的 STIKY 位，只允许合法所有人删除文件。

- chmod o-t /home/public：禁用一个目录的 STIKY 位。
8. 与软件安装相关的指令
- rpm -ivh package.rpm：安装一个 RPM 包。
- rpm -ivh --nodeeps package.rpm：安装一个 RPM 包而忽略依赖关系警告。
- rpm -U package.rpm：更新一个 RPM 包但不改变其配置文件。
- rpm -F package.rpm：更新一个确定已经安装的 RPM 包。
- rpm -e package_name.rpm：删除一个 RPM 包。
- rpm -qa：显示系统中所有已经安装的 RPM 包。
- rpm -qa | grep httpd：显示所有名称中包含 httpd 字样的 RPM 包。
- rpm -qi package_name：获取一个已安装包的特殊信息。
- rpm -qg "System Environment/Daemons"：显示一个组件的 RPM 包。
- rpm -ql package_name：显示一个已经安装的 RPM 包提供的文件列表。
- rpm -qc package_name：显示一个已经安装的 RPM 包提供的配置文件列表。
- rpm -q package_name：--whatrequires 显示与一个 RPM 包存在依赖关系的列表。
- rpm -q package_name：--whatprovides 显示一个 RPM 包所占的空间大小。
- rpm -q package_name --scripts：显示在安装/删除期间所执行的脚本。
- rpm -q package_name --changelog：显示一个 RPM 包的修改历史。
- rpm -qf /etc/httpd/conf/httpd.conf：确认所给的文件由哪个 RPM 包提供。
- rpm -qp package.rpm -l：显示由一个尚未安装的 RPM 包提供的文件列表。
- rpm --import /media/cdrom/RPM-GPG-KEY：导入公钥数字证书。
- rpm --checksig package.rpm：确认一个 RPM 包的完整性。
- rpm -qa gpg-pubkey：确认已安装的所有 RPM 包的完整性。
- rpm -V package_name：检查文件大小、许可、类型、所有人、群组、MD5 值及最后修改时间。
- rpm -Va：检查系统中所有已安装的 RPM 包。
- rpm -Vp package.rpm：确认一个 RPM 包还未安装。
- rpm2cpio package.rpm | cpio --extract --make-directories *bin*：从一个 RPM 包执行可执行文件。
- rpm -ivh /usr/src/redhat/RPMS/'arch'/package.rpm：从 RPM 源码安装一个构建好的包。
- rpmbuild --rebuild package_name.src.rpm：从 RPM 源码构建一个 RPM 包。
- yum install package_name：下载并安装一个 RPM 包。
- yum localinstall package_name.rpm：安装一个 RPM 包，使用自己的软件仓库处

理所有依赖关系。

- yum update package_name.rpm：更新当前系统中所有安装的 RPM 包。
- yum update package_name：更新一个 RPM 包。
- yum remove package_name：删除一个 RPM 包。
- yum list：列出当前系统中安装的所有包。
- yum search package_name：在 RPM 仓库中搜寻软件包。
- yum clean packages：清理 RPM 缓存，删除下载的包。
- yum clean headers：删除所有头文件。
- yum clean all：删除所有缓存的包和头文件。

9. 与备份相关的指令

- dump -0aj -f /tmp/home0.bak /home：制作一个/home 目录的完整备份。
- dump -1aj -f /tmp/home0.bak /home：制作一个/home 目录的交互式备份。
- restore -if /tmp/home0.bak：还原一个交互式备份。
- rsync -rogpav --delete /home /tmp：同步两边的目录。
- rsync -rogpav -e ssh --delete /home ip_address:/tmp：通过 SSH 通道同步。
- rsync -az -e ssh --delete ip_addr:/home/public /home/local：通过 SSH 和压缩将一个远程目录同步到本地目录。
- rsync -az -e ssh --delete /home/local ip_addr:/home/public：通过 SSH 和压缩将本地目录同步到远程目录。
- dd bs=1M if=/dev/hda | gzip | ssh user@ip_addr 'dd of=hda.gz'：通过 SSH 在远程主机上执行一次备份本地磁盘的操作。
- dd if=/dev/sda of=/tmp/file1：备份磁盘内容到一个文件。
- tar -Puf backup.tar /home/user：执行一次对/home/user 目录的交互式备份操作。
- (cd /tmp/local/ && tar c.) | ssh -C user@ip_addr 'cd /home/share/ && tar x -p'：通过 SSH 在远程目录中复制一个目录内容。
- (tar c /home) | ssh -C user@ip_addr 'cd /home/backup-home && tar x -p'：通过 SSH 在远程目录中复制一个本地目录。
- tar cf - . | (cd /tmp/backup ; tar xf -)：在本地将一个目录复制到另一个地方，保留原有权限及链接。
- find /home/user1 -name '*.txt' | xargs cp -av --target-directory=/home/backup/--parents：从一个目录查找并复制所有以.txt 为扩展名的文件到另一个目录。
- find /var/log -name '*.log' | tar cv --files-from=- | bzip2 > log.tar.bz2：查找所有以.log 为扩展名的文件，并存放在一个 bzip 包中。

- dd if=/dev/hda of=/dev/fd0 bs=512 count=1：备份磁盘开始的 512 字节大小的主引导记录（Master Boot Record，MBR）到指定文件。
- dd if=/dev/fd0 of=/dev/hda bs=512 count=1：从备份文件中恢复 MBR 内容。

10. 与网络相关的指令

- ifconfig eth0：显示一个以太网卡的配置。
- ifup eth0：启用一个 eth0 网络设备。
- ifdown eth0：禁用一个 eth0 网络设备。
- ifconfig eth0 192.168.1.1 netmask 255.255.255.0：控制 IP 地址。
- ifconfig eth0 promisc：设置 eth0 成混杂模式以嗅探数据包。
- dhclient eth0：以 DHCP 模式启用 eth0。
- route -n：显示路由表。
- route add -net 0/0 gw IP_Gateway：配置默认网关。
- route add -net 192.168.0.0 netmask 255.255.0.0 gw 192.168.1.1：配置到达 192.168.0.0/16 的静态路由。
- route del 0/0 gw IP_gateway：删除静态路由。
- echo "1" > /proc/sys/net/ipv4/ip_forward：激活 IP 路由。
- hostname：显示系统的主机名。

2.2.4　Git 常用命令

Git 常用的命令如下。

- git add 文件名：添加文件，即把文件添加到仓库中。
- git add：添加所有文件。
- git status：查看仓库当前的状态或者结果。
- git commit -m "备注说明"：提交文件。
- git push：推送文件到 GitHub 上，这是提交代码的最后一步。
- git diff 文件名：查看文件被修改过的状态，即该文件修改了什么。
- git branch dev：创建 dev 分支。
- git checkout dev：切换分支，把分支切换到 dev 上。
- git branch：查看分支。
- git checkout -b dev：创建分支，然后切换到 dev 分支，即 git checkout dev##和 git branch##两个命令的合并。
- git pull：拉取。

2.2.5　笔试题和面试题

试题 1. 什么是死锁？举一个在多线程中产生死锁的例子。

分析： 此题主要考查多线程技术、死锁的概念。

答案： 一组线程中，每个线程都无限等待被该组进程中另一个线程所占有的资源，因而永远无法得到资源，这种现象称为死锁。

例子：有两个线程。

线程 1 的锁如下。

```
pthread_mutex_lock(&mutex1);
pthread_mutex_lock(&mutex2);
```

线程 2 的锁如下。

```
pthread_mutex_lock(&mutex2);
pthread_mutex_lock(&mutex1);
```

若同时运行线程 1 和线程 2，就有可能产生死锁。

试题 2. 进程和线程的区别是什么？

分析： 2.2.1 节中有描述。

答案： 进程是申请资源的最小单位，进程之间不共享资源，线程之间共享资源。进程是系统资源的拥有者，线程是 CPU 调度的最小单位。

试题 3. 实现进程同步互斥的方法有哪些？

分析： 2.2.1 节中有描述。

答案： 通过信号量、管程、汇合和分布式系统。

试题 4. 线程调度有哪两种方式？

答案： 线程调度有两种方式抢占式（如 Windows NT、UNIX、OS/2 中）和非抢占式（如 DOS、Windows 3.x 中）。

试题 5. 举出两个 Windows 系统间的进程通信方法。

分析： 2.2.1 节中有描述。

答案： 套接字通信和内存共享。

试题 6. 什么是虚拟内存？虚拟内存有什么优势？

分析： 参见 2.2.2 节中的内容，考查对虚拟内存的大概认识。

答案：虚拟内存是管理计算机系统内存的一种技术。虚拟内存的优势是方便用户开发程序，保护内核不受恶意或者无意的破坏，隔离各个用户进程。

试题 7．如何减少换页错误？

分析：考查对换页算法的理解。

答案：访问局部性满足进程要求。

试题 8．分页系统的页面是为（　　）所感知的。

A．用户　　　　　B．操作系统　　　　　C．编译系统　　　　　D．连接装配程序

答案：B。

试题 9．在请求分页系统中，LRU 算法是指（　　）。

A．最早进入内存的页先淘汰　　　　　B．近期最长时间以来没被访问的页先淘汰

C．近期被访问次数最少的页先淘汰　　　D．以后再也不用的页面先淘汰

答案：B。

试题 10．在一个请求页式存储管理中，一个程序的页面走向为4、3、2、1、4、3、5、4、3、2、1、5，并采用 LUR 算法。设分配给该程序的存储块数 M 分别为 3 和 4，在该访问中发生的缺页数 F 和缺页率 f 是（　　）。

A．①M=3，F=8，$f\approx67\%$；②M=4，F=5，$f\approx42\%$

B．①M=3，F=10，f=83%；②M=4，F=8，$f\approx67\%$

C．①M=3，F=9，$f\approx75\%$；②M=4，F=10，$f\approx83\%$

D．①M=3，F=7，$f\approx58\%$；②M=4，F=6，f=50%

答案：B。

试题 11．请求页式存储管理中缺页中断率与进程所分得的内存页面数、（　　）和进程页面流的走向等因素有关。

A．页表的位置　　　B．置换算法　　　C．页面大小　　　D．进程调度算法

答案：B。

试题 12．进程调度是从（　　）中选择一个进程并投入运行的。

A．就绪队列　　　　B．等待队列　　　　C．作业后备队列　　　　D．提交队列

答案：A。

试题 13. 两个进程争夺同一个资源（　　）。

A．一定产生死锁　　B．不一定产生死锁　　C．不会产生死锁　　D．以上都不对

答案：B。

试题 14. 在文件系统中，用户通过（　　）直接使用外存。

A．逻辑地址　　　　B．物理地址　　　　C．名字空间　　　　D．虚拟地址

答案：D。

试题 15. 段式虚拟存储器的最大容量是（　　）。

A．由计算机地址结构长度决定的　　　　　B．由段表的长度决定的

C．由内存地址寄存器的长度决定的　　　　D．无穷大

答案：A。

试题 16. 段页式管理中，关于地址映像表的描述正确的是（　　）。

A．每个作业或进程有一张段表和一张页表

B．每个作业或进程的每个段有一张段表和一张页表

C．每个作业或进程有一张段表，每个段有一张页表

D．每个作业有一张页表，每个段有一张段表

答案：C。

试题 17. Linux 系统中，kill-9 表示的意义是什么？

答案：kill - 9 表示强制终止该进程，它有局限性，例如后台进程、守护进程等无法终止。执行 kill 命令后，系统会发出一个信号给对应的程序，SIGTERM 信号多半会被阻塞，然后等待执行。而 kill -9 调用 exit()，发送 SIGKILL 信号，不会被阻塞，可以顺利终止进程。

试题 18. 在页式管理中，页表的起始地址存放在（　　）。

A．内存中　　　B．页表中　　　　C．缓存中　　　　D．寄存器中

答案：D。

试题 19. 在段页式存储管理中，虚拟地址空间是（　　）的。

A．一维　　　　B．二维　　　　　C．三维　　　　　D．层次

答案：B。

试题 20．列举 Linux 操作系统中进程间的 3 种通信方式，并说明其优缺点（种类越多越好）。

分析：该题考查测试开发人员对 IPC 的认识。

参考答案如表 2.2 所示。

表 2.2   参考答案

名称	优点	缺点
管道	使用简单	不持久，单方向传送，只能在相关进程间使用
命名管道（FIFO）	比管道更持久	相关进程才能使用
共享内存	性能最高，灵活，功能强大	使用和管理复杂
信号量	多系统资源可以进行简便控制	同步麻烦，管理复杂
消息队列	无关线程间传递消息非常方便，比 FIFO 更灵活和持久	速度比共享内存慢，管理稍复杂
套接字	应用在多 PC 间，灵活，功能强大	使用比较复杂，速度比共享内存慢
临时文件	使用简单，传递的信息量可以很大	不容易管理，性能差，延迟长

试题 21．Linux 操作系统中查看任务管理器的命令是什么？

分析：top 命令是 Linux 操作系统中常用的性能分析工具，它能够实时显示系统中各个进程的资源占用状况。

top 命令可实现一个动态显示过程，即通过用户按键来不断刷新当前状态。如果在前台执行该命令，它将独占前台，直到用户终止该程序为止。比较准确地说，top 命令提供了对系统处理器的实时状态监视。它将显示系统中 CPU 最"敏感"的任务列表。该命令可以按 CPU 使用量、内存使用量和执行时间对任务进行排序，而且该命令的很多特性可以通过交互式命令或者在个人定制文件中设定。

答案：top 命令。

试题 22．如何终止进程？

分析：标准的 kill 命令通常能终止有问题的进程，并把进程的资源释放给系统。然而，如果进程启动了子进程，则只终止父进程，子进程仍在运行，因此仍消耗资源。为了防止这些所谓的"僵尸进程"，应确保在终止父进程之前，先终止其所有的子进程。

答案：使用 kill 命令和 PID。

试题 23．如何查看某个进程的线程数？

分析：ps 命令常用于监控后台进程的工作情况，因为后台进程是不和屏幕、键盘这些标准输出、输入设备进行通信的，所以如果需要检测其情况，可以使用 ps 命令。

下面对命令选项进行说明。

- -e：显示所有进程。
- -f：全格式。
- -l：长格式。
- -w：宽输出。

答案：使用 ps –eLf | grep java| grep –v。

试题 24. 请写出更改 iptable 的 Linux 命令，并使之生效。

答案：

```
/etc/init.d/iptables status
vi /etc/sysconfig/iptables
service iptables restart
```

试题 25. 如何创建一个目录？

答案：使用 mkdir ×××。

试题 26. 如何查看当前目录的全路径？

答案：使用 pwd。

试题 27. 如何使用 sed 将文件中的所有 abc 替换成 def？

答案：使用 sed %s/abc/def/g。

试题 28. 如何在当前目录下查找文件中有 abc 的所有内容？

答案：使用 grep * abc。

试题 29. 如何统计文件 a.txt 中 log 的行数？

答案：使用 grep a.txt log|wc –l。

试题 30. 如何终止所有的 Apache 进程？

答案：使用 kill all | grep apache。

试题 31. 如何终止指定 ID 的进程？

答案：使用 kill ID。

试题 32. 按照要求书写 Shell 命令。

文件操作如下。

（a）如何创建一个目录？ _____

（b）如何删除一个文件？ _____

（c）如何创建一个软链接？ _____

文件内容操作如下。

（d）如何匹配既包含 aa 又包含 bb 的行？ _____

（e）如何匹配包含站点 URL 的行？ _____

系统相关操作如下。

（f）如何查看 SPIDER 用户启动的所有服务？ _____

（g）如何查看目前计算机侦听的所有端口？ _____

（h）如何查看某进程所占用的各种开销（如 CPU、物理内存、虚拟内存、套接字句柄、文件句柄、网络流量、套接字状态等），列出你所知道的尽可能多的命令。另外，还可以通过哪个文件的内容查看？ _____

（i）如何远程执行一个命令，如查看另一台计算机的 pstree 结果？ _____

答案：

（a）使用 mkdir。

（b）使用 rm。

（c）使用 ln –s source target。

（d）使用 grep aa file |grep bb。

（e）使用 grep "http://[^/]*/$"。

（f）使用 pstree spider。

（g）使用 netstat –anp |grep LISTEN。

（h）使用 op、vmstat、netstat、iostat、ps、/proc/pid/fd/*、/proc/pid/stat、/proc/net/dev、df、sar、ifconfig。

（i）使用 ssh –n –l username address "ls"。

试题 33. 文件 words 存放英文单词，格式为每行一个英文单词（单词可以重复），统计该文件中出现次数排前 10 名的单词。

分析： 考查脚本基础知识。

答案： 使用 uniq -c words | head -10 | awk '{print $2}'。

试题 34. 查找当前目录（及子目录）下文件名中有 abc 字符串的文件（忽略大小写）。

答案：使用 find –iname "*abc*"。

试题 35. 在 Vi 编辑器中执行存盘退出的命令是什么？
答案：:wq 命令。

试题 36. 写一个脚本，判断 192.168.10/24 的网络里当前在线 IP 地址有哪些。若通过 ping 命令可以判断网络连接正常，则认为在线。
答案：

```
#!/bin/bash
#author:lights
for ((i=1;i<=254;i++));
    do
    ping -c5 192.168.1.$i
    sleep 10
    done
```

试题 37. 写一个脚本，要求如下。

（1）创建一个函数，它能接收两个参数：第 1 个参数为 URL，即可下载的文件；第二个参数为目录，即下载后保存的位置。

（2）如果用户给的目录不存在，则提示用户是否创建。如果创建，就继续执行；否则函数返回 51 错误值给调用脚本。

（3）如果给的目录存在，则下载文件，下载命令执行结束后测试文件下载成功与否。如果成功，则返回 0 给调用脚本；否则，返回 52 错误值给调用脚本。
答案：

```
#!/bin/bash
#author:lights
directory=$2
url=$1
function a()
{
if [ ! -d "$directory" ];
then
    cd $directory
    wget $url
else
    echo "directory not find ISY create?(y/n)"
    read iy
case $iy in
    y)
    mkdir $directory
    ;;
    n)
```

```
        echo 51
        ;;
        esac
        fi
        }
        a
        function b()
        {
        if [ ! -d "$2" ];
        then
            cd $2
            wget $1
        else
            echo "directory not find ISY create?(y/n)"
            read iy
case $iy in
        y)
        mkdir $2
        ;;
        n)
        echo 52
        ;;
        esac
        fi
        }
        b $1 $2
```

试题 38. 写一个脚本，要求如下。

（1）创建一个函数，它可以接收一个磁盘设备路径（如/dev/sdb）作为参数。在真正开始后面的步骤之前提醒用户有风险，并让用户选择是否继续。而后将此磁盘设备上的所有分区清空（提示：使用命令 dd if=/dev/zero of=/dev/sdb bs=512 count=1 实现，注意，其中的设备路径不要写错）。如果此步骤失败，返回 67。接着，在此磁盘设备上创建两个主分区，一个大小为 100MB，一个大小为 1GB，如果此步骤失败，返回 68。格式化这两个分区，文件系统类型为 ext3，如果此步骤失败，返回 69。如果上述过程都正常，返回 0。

（2）调用此函数，通过接收函数执行的返回值来判断其执行情况，并将信息显示出来。

答案：

```
#!/bin/bash
#author:ligths
fucnction fd()
{
fdisk $1
echo "The following will be making changes to the disk, please careful operation (y/n)"
read -p $isy
case $isy in
y)
```

```
;;
n)
;;
Esac
}
fd $1
```

试题 39. 在 Linux 操作系统下，程序产生核心转储文件后如何调试？由内存越界引起的核心文件转储有什么特点？

答案： 产生核心转储文件后，用 gdb 进行核心转储文件的调试，调用 bt 命令查看产生核心转储文件时的程序堆栈状态。通常来说，对于内存越界引起的核心转储文件，堆的调用关系会非常混乱。

试题 40. 32 位的计算机中一个指针是多少位？

答案： 指针位数只取决于地址总线的位数。使用 80386 以后的处理器的计算机都采用 32 位的数据总线，所以指针的位数就是 32。

2.3　数据库

因为测试工程师在日常工作中会参与数据库设计评审、测试环境搭建、日志跟踪，这些会涉及数据库的相关操作，所以数据库设计、SQL 命令是常考的内容。对于数据库知识，测试工程师岗位的面试中考得不多，主要是实际应用，读者可以针对性准备。

2.3.1　数据库设计

- 数据库设计的全过程
- ER 模型

数据库设计是建立数据库系统的第一步，也是开发信息系统的重要部分。测试工程师虽然不用自己设计数据库，但是在项目设计前期需要参与开发和评审。在设计评审阶段，测试工程师和开发工程师一起讨论，提出建设性建议，预见未来的各项应用需要。

那么如何设计一个满足当前客户需求并且可预见未来的各项应用要求、性能良好的数据库呢？一般有以下 7 个阶段——规划、需求分析、概念设计、逻辑设计、物理设计、实现和运行维护。本节主要介绍前 5 个阶段。

规划阶段的主要任务是分析建立数据库的必要性及可行性，确定信息系统中数据库之间的联系。

需求分析阶段的主要任务有分析用户活动，产生用户活动图；确定系统范围，产生系统范围图；分析用户活动所涉及的数据，产生数据流图；分析系统数据，产生数据字典。在需求分析阶段，需要把需求整理成用户和数据库设计者都能接收的文档。

概念设计分3步——进行数据抽象，将局部概念模式综合成全局概念模式，评审。

逻辑设计的目的是把设计好的基本ER图转换成与具体计算机上DBMS锁支持的数据模型符合的逻辑结构。

物理设计是为给定的基本数据模型选取一个最适合应用环境的物理结构的过程，也称为数据库的物理设计。

ER模型是人们认识客观世界的一种方法、工具，在某种程度上反映了客观现实，反映了用户的需求。ER模型的设计过程基本上分为以下两步。

（1）设计实体类型，此时不涉及"联系"。

（2）设计联系类型，考虑实体间的联系。

数据库设计的任务就是把现实世界中的数据及数据间的联系抽象出来，用"实体"与"联系"来表示。

在这里不对ER图的设计方法做详细描述，仅给出几个实例作为参考。

【例2.1】某个商业集团数据库中有3个实体：一是"商店"实体，属性有商店编号、商店名、地址；二是"商品"实体，属性有商品号、商品名、规格、单价等；三是"职工"实体，属性有职工编号、姓名、性别、业绩等。

商店与商品存在"销售"关系，每个商店可销售多种商品，每种商品也可以在多个商店销售，对于每个商店销售的一种商品，有月销售量；商店与职工间存在"聘用"联系，每个商店有许多职工，每个职工只能在一个商店工作，商店聘用职工需规定聘期和月薪。

（1）画出ER图，并在图上注明属性、联系的类型。

（2）将ER图转换成关系模型。

解：（1）ER图如图2.12所示。

（2）该ER图可转换成如下4个关系模式。

- 商店（商店编号，商店名，地址）。
- 职工（职工编号，姓名，性别，业绩，商店编号，聘期，月薪）。
- 商品（商品号，商品名，规格，单价）。
- 销售（商店编号，商品名，月销售量）。

【例2.2】某个商业集团数据库有3个实体：一是"公司"实体，属性有公司编号、公司名、地址等；二是"仓库"实体，属性有仓库编号、仓库名、地址等；三是"职工"实体，属性有职工编号、姓名、性别等。公司与仓库间存在"隶属"联系，每个公司管辖若干个仓库，每个仓库只能属于一个公司；仓库与职工之间存在"聘用"联系，每个仓库可聘用多个职工，每个职工只能在一个仓库工作，仓库聘用职工需规定聘期和工资。

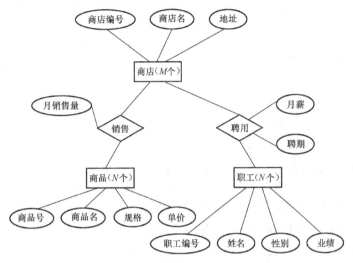

图 2.12 实例 1 的 ER 图

（1）画出 ER 图，并在图上注明属性、联系的类型。

（2）将 ER 图转换成关系模型。

解：（1）ER 图如图 2.13 所示。

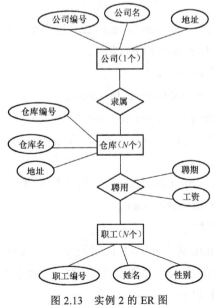

图 2.13 实例 2 的 ER 图

（2）该 ER 图可转换或如下 3 个关系模式。

- 公司（公司编号，公司名，地址）。
- 仓库（仓库编号，仓库名，地址，公司编号）。
- 职工（职工编号，姓名，性别，仓库编号，聘期，工资）。

2.3.2 MySQL

- 常用 MySQL 命令
- MySQL 中的 SQL 操作
- 数据库中的事务、存储过程等相关概念

下面列出常用的 MySQL 命令，应试之前要熟记。

- net start/stop mysql：启动/停止 MySQL。
- mysql -u root -p123456 -P 3306：登录。
- status：登录后查看状态。
- show databases：显示所有数据库。
- use db_name：切换到某个数据库。
- show tables：显示数据库中的表。
- desc table_name：显示某个表的字段描述。
- mysqldump -uroot -p234555 testdb>test.txt：备份数据库。

接下来，介绍 MySQL 中常用的 SQL 操作。

与数据库相关的 SQL 操作如下。

- 创建数据库：使用 create database db_name。
- 删除数据库：使用 drop database db_name。

删除时，为了判断数据库是否存在，可使用 drop database ifexits db_name。

与表相关的 SQL 操作如下。

- 创建表：使用 create table table_name(字段 1 数据类型,字段 2 数据类型)。
- 删除表：使用 drop table table_name。

与数据相关的 SQL 操作如下。

添加数据：使用 Insert into 表名[(字段 1 ,字段 2 , …)] values (值 1 ,值 2 , …)。

如果向表的每个字段中都插入一个值，那么前面[ ]括号内的字段名可写也可不写。

与查询相关的 SQL 操作如下。

- 查询所有数据：使用 select * from table_name。
- 查询指定字段的数据：使用 select 字段 1,字段 2 from table_name。

与更新相关的 SQL 操作如下。

更新指定数据，更新某一个字段的数据（注意，不是更新字段的名字）：使用 Update table_name set 字段名='新值' [,字段 2 ='新值' , ...][where id=id_num] order by 字段顺序]。

与删除相关的 SQL 操作如下。

- 删除整个表中的信息：使用 delete from table_name。
- 删除表中指定条件的语句：使用 delete from table_name where 条件语句。条件语句中，如指定 id=3。

与创建数据库用户相关的 SQL 操作如下。

创建数据库用户时，一次可以创建多个数据库用户，指令如下。

```
CREATE
USER
username1
identified
BY
'password'

username2
IDENTIFIED
BY
'password'…
```

与用户权限相关的 SQL 操作如下。

- 控制用户的权限：使用 grant。
- 将某个库中的某个表的控制权赋予某个用户：使用 grant all ON db_name.table_name TO user_name [indentified by 'password']。

与修改表结构相关的 SQL 操作如下。

- 增加一个字段格式：使用 alter table table_name add column(字段名　字段类型)。注意，要带括号。
- 指定字段插入的位置：使用 alter table table_name add column 字段名　字段类型 after 某字段。
- 删除一个字段：使用 alter table table_name drop 字段名。
- 修改字段名称/类型：使用 alter table table_name change 旧字段名　新字段名　新字段的类型。
- 修改表的名字：使用 alter table table_name rename to new_table_name。
- 一次性清空表中的所有数据：使用 truncate table table_name。此方法会使表中的取号器（ID）从 1 开始。

与数据库引擎相关的 SQL 操作如下。

- 查看数据库当前引擎：使用 SHOW CREATE TABLE table_name。
- 修改数据库引擎：使用 ALTER TABLE table_name ENGINE=MyISAM | InnoDB。

数据库面试中，事务、触发器和存储过程也是常考的知识点。

数据库中事务是一种机制，它以一组数据库操作命令作为一个整体向系统提交或撤销操作的请求，要么都执行，要么都不执行。事务是一个不可分割的工作逻辑单位。它具有原子性、一致性、隔离性和持久性。

通常在程序中用 begin transaction 命令来标识事务的开始，用 commit transaction 命令标识事务的结束。

数据库中的存储过程是一组为了完成特定功能，利用 Transact-SQL 编写的程序。一次编译之后，存储过程可以执行多次，不必重复编译。

触发器是一个特殊的存储过程，它的执行不是由程序调用的，也不是手动启动的，而是由事件触发的。

2.3.3 Oracle

关于 Oracle 的考点和 MySQL 相同，由于篇幅有限，这里不详细讲解。

2.3.4 笔试题和面试题

试题 1．在一个查询中，使用哪个关键字可以去除重复列？

分析：distinct 只显示一次重复出现的值，最好和 order by 结合使用，以提高效率。例如，select distinct 字段名 1,字段名 2 from 表名 order by 字段名 1。

答案：distinct。

试题 2．解释存储过程和触发器。

分析：参见 2.3.2 节中的知识点。

答案：存储过程是一组 Transact-SQL 语句，在一次编译后可以执行多次。因为不必重新编译 Transact-SQL 语句，所以执行存储过程可以提高性能。

触发器是一种特殊类型的存储过程，不由用户直接调用。创建触发器时会对其进行定义，以便在对特定表或者特定类型的数据进行修改时执行。

试题 3．数据库日志有什么作用？数据库日志满的时候应执行什么操作？

答案：每个数据库都有日志，用来记录所有事务和事务对数据库所做的修改。日志满了之后，应该清空日志（日志满了是指日志文件达到设置的最大文件大小，没设置时，文件可以占用最大可用磁盘空间）。

试题 4．触发器分为事前触发器和事后触发器，两者有何区别？

答案：事前触发器运行于触发的事件发生之前，而事后触发器运行于触发的事件发生之后。

试题 5．主键和唯一索引有什么区别？

答案：二者有 3 个区别。

（1）有唯一性约束的列允许有空值，但是有主键约束的列不允许有空值。

（2）可以把唯一性约束设置到一列或者多列上，这些列或列的组合必须是唯一的。但是，有唯一性约束的列并不是表的主键列。

（3）一个表最多只有一个主键，但可以有很多唯一键。

试题 6．简述数据库设计的过程。

答案：规划、需求分析、概念设计、逻辑设计、物理设计、实现维护和运行。

试题 7．假如表内容如下。

```
2005-05-09 胜
2005-05-09 胜
2005-05-09 负
2005-05-09 负
2005-05-10 胜
2005-05-10 负
2005-05-10 负
```

如果要生成下列结果，该如何写 SQL 语句？

```
胜负
2005-05-09 2 2
2005-05-10 1 2
```

答案：

```
create table #tmp(rq varchar(10),shengfu nchar(1))
 insert into #tmp values('2005-05-09','胜')
 insert into #tmp values('2005-05-09','胜')
 insert into #tmp values('2005-05-09','负')
 insert into #tmp values('2005-05-09','负')
 insert into #tmp values('2005-05-10','胜')
```

```
insert into #tmp values('2005-05-10','负')
insert into #tmp values('2005-05-10','负')
select rq,sum(case when shengfu='胜' then 1 else 0 end)'胜',sum(case when shengfu=
'负' then 1 else 0 end)'负' from #tmp group by rq
select N.rq,N.胜,M.负 from (
select rq,胜=count(*) from #tmp where shengfu='胜'group by rq)N inner join
(select rq,负=count(*) from #tmp where shengfu='负'group by rq)M on N.rq=M.rq
select a.col001,a.a1 胜,b.b1 负 from
 (select col001,count(col001) a1 from temp1 where col002='胜' group by col001) a,
 (select col001,count(col001) b1 from temp1 where col002='负' group by col001) b
where a.col001=b.col001
```

试题 8. 表中有 A、B、C 这 3 列，用 SQL 语句实现：当 A 列大于 B 列时选择 A 列，否则，选择 B 列；当 B 列大于 C 列时选择 B 列，否则，选择 C 列。

答案：使用以下语句。

```
select (case when a>b then a else b end),(case when b>c then b esle c end)from table_name
```

试题 9. 请在 SQL Server 2000 中用 SQL 创建一张用户临时表和系统临时表，里面包含两个字段 ID 和 IDValues，类型都是 int 类型，并解释两者的区别。

答案：要创建用户临时表，使用 create table #××(ID int, IDValues int)。

要创建系统临时表，使用 create table ##××(ID int, IDValues int)。

用户临时表只对创建这个表的用户的会话可见，对其他进程不可见，当创建它的进程消失时这个临时表就自动删除；全局临时表对整个 SQL Server 实例都可见，但是所有访问它的会话都消失时，它也被自动删除。

试题 10. 绘制某学校计算机系的教学管理 ER 图，并简化 ER 图。

答案：绘制的 ER 图如图 2.14 所示。

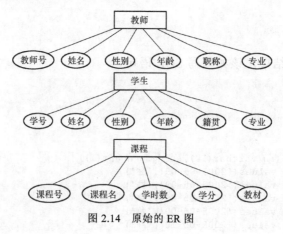

图 2.14　原始的 ER 图

简化后的 ER 图如图 2.15 所示。

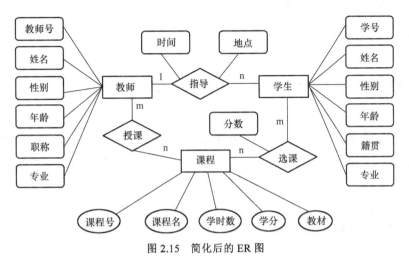

图 2.15　简化后的 ER 图

试题 11. MySQL 中的连接有哪几种？

答案： MySQL 中有 5 种连接。

- 左连接：若执行 A left join B，则以 A 为基础，有些条件下 B 不存在，A 也显示。
- 右连接：若执行 A right join B，则以 B 为基础，有些条件下 A 不存在，B 也显示。
- 内连接：只显示符合条件且存在的。
- 外连接：笛卡儿乘积。
- 全连接：左连接加上右连接的集合。

试题 12. 数据库中两张表 tab1、tab2，tab1 中有字段 id、name，tab2 中有字段 id、score、class，两张表以 id 字段作为外键关联，如何用一条 SQL 语句找到名字为"李三"的人的分数和对应的班级？

答案： 使用以下语句。

```
select b.score,b.class from tab1 a,tab2 b where a.id=b.id and a.name="李三"
```

试题 13. 有一个表 tb1，其字段是 name、class、score，分别代表姓名、所在班级、分数。要求用一条语句查出每个班某门课的及格人数和不及格人数。

答案： 语句如下。

```
SELECT 'class',
```

```
SUM(CASE WHEN score>=60 THEN 1 ELSE 0 END),
SUM(CASE WHEN score>=60 THEN 0 ELSE 1 END)
FROM tb1
GROUP BY 1
```

2.4 网络

互联网公司通常会对应届应聘者的基本功进行探底，常以网络技术上的基础知识作为笔试题目。应聘者需要了解 OSI 7 层模型、TCP/IP、路由器、网桥和交换机等基础知识。

2.4.1 OSI 7 层模型

OSI 7 层模型

OSI 7 层模型（OSI 参考模型）是一个理论分析模型，即 OSI 7 层模型本身并不是一个具体协议的真实分层。在该模型出现之前，没有任何一个具体的协议栈具有 7 个功能的分层，这与网络的发展历史有关系。虽然如今使用的协议没有严格按照 OSI 7 层模型分层，但是人们仍然用 OSI 7 层模型的理论来指导自己的工作，尤其是在研究和教学方面，这正是体现了 OSI 7 层模型的理论指导功能。

OSI 7 层模型包括物理层、数据链路层、网络层、传输层、会话层、表示层和应用层。

在 OSI 参考模型中，物理层的作用是透明地传输比特流。对等实体在一次交互作用中传送的信息单位称为协议数据单元，它包括控制信息和用户数据两部分。上下层实体之间的接口称为服务访问点（Service Access Point，SAP），网络层的服务访问点又称网络地址，通常分为网络号和主机号。物理层涉及在信道上传输的原始比特流。数据链路层的主要任务是加强物理层传输原始比特流的功能，使之对应的网络层显现为一条无错线路。发送方把输入数据封装在数据帧中，按顺序传送出去并处理接收方回送的确认帧。网络层关系到子网的运行控制，其中一个关键功能是确认从源端到目的端如何选择路由。传输层的基本功能是从会话层接收数据并且把其分成较小的单元传递给网络层。会话层允许不同计算机上的用户建立会话关系。

2.4.2　TCP/IP

- TCP/IP 4 层模型，TCP、UDP 的概念
- 3 次握手协议
- IP 地址分类

TCP/IP 不是 TCP 和 IP 的合称，而是指因特网的整个 TCP/IP 协议族。

TCP/IP 模型由 4 层组成，分别是网络接口层、网络层、传输层和应用层。OST 7 层模型中的层与 TCP/IP 协议族的对应关系如图 2.16 所示，TCP/IP 与 OSI 7 层模型的对应关系如图 2.17 所示。

OSI 7层模型中的层	功能	TCP/IP协议族
应用层	为文件传输、电子邮件、文件服务、虚拟终端提供网络服务	TFTP、HTTP、SNMP、FTP、SMTP、DNS、Telnet 等
表示层	翻译、加密、压缩	没有协议
会话层	控制对话、建立同步点（续传）	没有协议
传输层	负责端口寻址、分段重组、流量、差错控制	TCP、UDP
网络层	负责逻辑寻址、路由选择	IP、ICMP、OSPF、EIGRP、IGMP
数据链路层	负责成帧、物理寻址、流量、差错、接入控制	SLIP、CSLIP、PPP、MTU
物理层	设置网络拓扑结构、比特传输、位同步	ISO2110、IEEE802、IEEE802.2

图 2.16　OSI 7 层模型中的层与 TCP/IP 协议族的对应关系

TCP/IP 4层模型	OSI 7层模型
应用层	应用层
	表示层
	会话层
传输层	传输层
网络层	网络层
网络接口层	数据链路层
	物理层

图 2.17　TCP/IP 4 层模型与 OSI 7 层模型中层的对应关系

TCP 是面向连接的通信协议，通过 3 次握手建立连接，通信完成时要解除连接。由于 TCP 是面向连接的，因此它只能用于端到端的通信。

TCP 提供的是一种可靠的数据流服务，采用"带重传的肯定确认"技术来实现传输的可靠性。TCP 还采用一种称为"滑动窗口"的方式进行流量控制，所谓窗口实际表示接收能力，用于限制发送方的发送速度。

在 TCP/IP 中，TCP 提供可靠的连接服务，通过 3 次握手建立一个连接。

- 第 1 次握手：建立连接时，客户端发送 SYN 包（SYN=j）到服务器，并进入 SYN_

SENT 状态，等待服务器确认。SYN 表示 Synchronize Sequence Number，即同步序列编号。

- 第 2 次握手：服务器收到 SYN 包，必须确认客户的 SYN（ACK=j+1），同时自己也发送一个 SYN 包（SYN=k），即 SYN+ACK 包，此时服务器进入 SYN_RECV 状态。
- 第 3 次握手：客户端收到服务器的 SYN+ACK 包，向服务器发送 ACK 包（ACK=k+1），此包发送完毕，客户端和服务器进入 ESTABLISHED 状态，完成 3 次握手。

UDP 是面向无连接的通信协议，UDP 数据包括目的端口号和源端口号信息，由于通信不需要连接，因此可以实现广播发送。

UDP 通信时不需要接收方确认，属于不可靠的传输，可能会有丢包现象，实际应用中要求程序员通过编程验证是否丢包。

UDP 与 TCP 位于同一层，但它不负责数据包的顺序、错误或重发。因此，UDP 不应用于那些使用虚电路的面向连接的服务，而主要用于那些面向查询-应答的服务，如 NFS，相对于 FTP 或 Telnet，这些服务需要交换的信息量较小。使用 UDP 的服务包括网络时间协议（Network Time Protocol，NTP）和域名系统（Domain Name System，DNS）。DNS 也使用 TCP。

IP 地址可确认网络中的任何一个网络和计算机，而要识别其他网络或其中的计算机，则使用这些 IP 地址的分类。一般将 IP 地址按节点计算机所在网络规模分为 A、B、C 这 3 类，默认的子网掩码是根据 IP 地址中的第 1 个字段确定的。

设定任何网络上的任何设备，主机、个人计算机、路由器等皆需要设定 IP 地址，而跟随着 IP 地址的是子网掩码。

3 类 IP 地址范围及子网掩码如下。

- A 类地址的表示范围为 1.0.0.1～126.255.255.255，默认子网掩码为 255.0.0.0。把 A 类地址分配给规模特别大的网络。
- B 类地址的表示范围为 128.0.0.1～191.255.255.255，默认子网掩码为 255.255.0.0。把 B 类地址分配给一般的中型网络。
- C 类地址的表示范围为 192.0.0.1～223.255.255.255，默认子网掩码为 255.255.255.0。把 C 类地址分配给小型网络。

2.4.3 路由器、网桥和交换机

考点

- 路由器和交换机的区别
- 路由器和网桥的区别

传统交换机从网桥发展而来，属于 OSI 7 层模型第二层（数据链路层）的设备。它根据 MAC 地址寻址，通过站表选择路由，站表的建立和维护由交换机自动完成。路由器属于 OSI 7 层模型第三层（网络层）的设备，它根据 IP 地址进行寻址，通过路由表路由协议产生。交换机最大的优点是快速，由于交换机只需要识别帧中 MAC 地址，直接根据 MAC 地址产生选择转发端口算法简单，便于 ASIC 实现，因此转发速度极快。然而，交换机的工作机制带来了一些问题。

下面介绍几个概念。

- 回路：根据交换机地址和站表建立算法，交换机之间不允许存在回路。一旦存在回路，必须启动生成树算法，阻塞产生回路的端口。而路由器的路由协议算法没有这个问题，路由器之间可以有多条通路来平衡负载，提高可靠性。

- 负载集中：交换机之间只能有一条通路，使得信息集中在一条通信链路上，不能进行动态分配，以平衡负载。而路由器的路由协议算法可以避免这一点，OSPF 路由协议算法不但能产生多条路由，而且能为不同的网络应用选择各自不同的最佳路由。

- 广播控制：交换机只能缩小冲突域，而不能缩小广播域。整个交换式网络就是一个大的广播域，把报文广播到整个交换式网络。而路由器可以隔离广播域，广播报文不能通过路由器继续进行广播。

- 子网划分：交换机只能识别 MAC 地址。MAC 地址是物理地址，而且采用平坦的地址结构，因此不能根据 MAC 地址来划分子网。而路由器识别 IP 地址，IP 地址由网络管理员分配，它是逻辑地址且具有层次结构，被划分成网络号和主机号，可以非常方便地划分子网。路由器的主要功能就是连接不同的网络。

- 保密问题：虽然交换机可以根据帧的源 MAC 地址、目的 MAC 地址和其他帧中的内容对帧实施过滤，但路由器根据报文的源 IP 地址、目的 IP 地址、TCP 端口地址等内容对报文实施过滤，这更加直观、方便。

- 介质相关：交换机作为桥接设备也能完成不同链路层和物理层之间的转换，但这种转换过程比较复杂。因此，目前交换机主要完成相同或相似物理介质和链路协议的网络互联，而不会用来在物理介质和链路层协议相差甚远的网络之间进行互联。路由器则不同，它主要用于不同网络之间的互联，因此能连接不同物理介质、链路层协议和网络层协议的网络。路由器在功能上虽然占据了优势，但价格昂贵，报文转发速度慢。

网桥是一个简单的相关设备。它唯一的目的是把许多正在共享的物理网络分割成多个小部分。网桥通常只有两个端口，超过两个端口的网桥称为交换机。

因为以太网是常用的物理网络，所以我们将用它来说明我们的观点。在一个以太网上，所有接入的计算机都共享同一根"线"（物理上不是同一根，但电气上是相通的）。

当两台计算机试图在同一时间对话时，它们将被对方淹没，这就称为冲突。在以太网上的计算机越多，冲突的机会就越大。

网桥把以太网分割成许多冲突域。除非网桥另一边的计算机已预先指定，否则在网桥一边的所有数据都留在那里。

网桥不考虑用户在网上使用的协议（TCP/IP、IPX、AppleTalk 等），因为它们在数据链路层工作。这既是一个优点，也是一个缺点，因为网桥工作在一个简单的层上，所以它们会不加选择地、高速地传输数据，我们几乎不能对它的工作进行控制。于是，路由器就诞生了。

路由器工作在网络层。事实上，它们可以识别在网络上传输数据的协议。正因为它们可以识别协议，所以它们能按规则来决定将怎样处理特定的数据。因此，路由器在为不同目的或不同组织连接网络时是很有用的。用户可以申请规则或过滤器来使特定的数据通过，而使其他的数据不通过；或者安排为某种目的服务的数据进入特定的网络连接，而其他的数据跳过这个连接。这种服务是要收费的。路由器得到的特定数据的描述越详细，数据发送到目的地的延时就越长。所以，快速路由器的配置越高，硬件的价格就越贵。

总之，路由器和网桥的区别可以归纳为以下几点。

- 端口的区别。交换机工作时，实际上允许许多组端口间的通道同时工作。所以，交换机不但体现出一个网桥的功能，而且体现出多个网桥功能的集合，即网桥一般有两个端口，而交换机具有高密度的端口。
- 分段能力的区别。由于交换机能够支持多个端口，因此可以把网络系统划分成更多的物理网段，这样可使得整个网络系统具有更高的带宽；而网桥仅支持两个端口，所以由网桥划分的物理网段是相当有限的。
- 传输速率的区别。关于数据信息的传输速率，交换机要快于网桥。
- 数据帧转发方式的区别。网桥在发送数据帧前，通常要接收到完整的数据帧并生成帧检测序列（Frame Check Sequence，FCS）后，才开始转发该数据帧。交换机具有存储转发和直接转发这两种帧转发方式。直接转发方式在发送数据以前，不需要接收完整的数据帧和完成 32 位循环冗余校验（Cyclic Rodundancy Check，CRC）码的计算。

2.4.4 笔试题和面试题

试题 1. 简单描述 DNS 的工作原理。

答案：当 DNS 客户端需要在程序中使用名称时，它会查询 DNS 服务器来解析该名称。客户端发送的每条查询信息包括 3 条信息——指定的域名、指定的查询类型和域名的指定类别。DNS 基于 UDP 服务，端口是 53。该应用一般不直接供用户使用，而是为其他协议（如 HTTP、SMTP 等）服务，在其中需要完成主机名到 IP 地址的转换。

试题 2．简述 TCP 和 UDP 的区别。

答案：TCP 提供面向连接的、可靠的数据流传输，而 UDP 提供的是无连接的、不可靠的数据流传输。TCP 的传输单位称为 TCP 报文段，而 UDP 的传输单位称为用户数据报。TCP 注重数据安全性，而基于 UDP 的数据传输速度快，因为不需要连接等待，少了许多操作，但是其安全性一般。

试题 3．ipconfig 的作用是什么？

答案：显示当前 TCP/IP 配置的信息。

试题 4．执行 net share 返回的结果是什么？

答案：列出共享资源的相关信息。

试题 5．net use 和 net user 分别指什么？

答案：net user 指对用户进行管理，如添加、删除网络用户等；net use 指对网络设备进行管理。

试题 6．提供可靠数据传输、流程控制的是 OSI 7 层模型中的哪一层？

答案：会话层。

试题 7．请详细地解释 IP 的定义，它在哪个层上？主要有什么作用？TCP 与 UDP 呢？

答案：IP 是 Internet Protocol（网际协议）的缩写，是网络层的主要协议，作用是提供不可靠、无连接的数据报传送；TCP 是 Transmit Control Protocol（传输控制协议）的缩写，在传输层，TCP 提供一种面向连接的、可靠的字节流服务；UDP 是 User Datagram Protocol（用户数据报协议）的缩写，在传输层，UDP 提供不可靠的数据传输服务。

试题 8．请问交换机和路由器各自的实现原理是什么？它们分别在哪个层上实现？

答案：交换机属于 OSI 7 层模型中第二层（数据链路层）的设备。它根据 MAC 地址寻址，通过站表选择路由，站表的建立和维护由交换机自动完成。路由器属于 OSI 7 层模型中第三层（网络层）的设备，它根据 IP 地址进行寻址，通过路由表路由协议产生。

试题 9. 交换和路由的区别是什么？VLAN 有什么特点？

答案：交换是指转发和过滤帧，这是交换机的工作，它在 OSI 7 层模型的第二层。而路由是指网络线路当中非直连的链路，它是路由器的工作，在 OSI 7 层模型的第三层。交换和路由的区别很大。首先，交换是不需要 IP 的，而路由需要，因为 IP 就是第三层的协议，第二层需要的是 MAC 地址。其次，第二层和第三层的技术不一样，第二层可以实现 VLAN、端口捆绑等，第三层可以实现 NAT、ACL 并保证 QoS 等。VLAN 是 Virtual Local Area Network（虚拟局域网）的英文缩写，它是一个纯二层的技术，它的特点包括控制广播、安全、灵活和可扩展。

试题 10. 两台笔记本计算机连起来后 ping 不通，你觉得可能存在哪些问题？

答案：

（1）网线问题。确认网线连接是否正确，计算机之间的连线和计算机与 Hub 之间的连线分正线、反线，它们是不同的。但是要排除使用千兆网卡的计算机，千兆网卡有自动识别的功能，连线既可以是正线也可以是反线。

（2）局域网设置问题。计算机互连是要设置的，看看是否安装了必要的网络协议，最重要的是 IP 地址的设置是否正确。互连的时候，最好以一台计算机为主，以一台计算机为副，把主计算机设为网关。

（3）网卡驱动未正确安装。

（4）防火墙设置有问题。

（5）有软件阻止了 ping 包。

试题 11. 若南京与深圳的网络是通的，但南京与北京的网络不通，应以怎样的顺序查找问题所在？

答案：查找路由器是否可以测试到目的地、所经过的路由器及路由延迟状态。通过命令查看最后一个数据包是在哪儿丢弃或中断的。

试题 12. 简述 TCP/IP 建立连接的过程。

答案：在 TCP/IP 中，TCP 提供可靠的连接服务，通过 3 次握手建立一个连接。

- 第一次握手：建立连接时，客户端发送 SYN 包（SYN=j）到服务器，并进入 SYN_SEND 状态，等待服务器确认。
- 第二次握手：服务器收到 SYN 包，必须确认客户的 SYN（ACK=j+1），同时自己也发送一个 SYN 包（SYN=k），即 SYN+ACK 包，此时服务器进入 SYN_RECV 状态。

- 第三次握手：客户端收到服务器的 SYN+ACK 包，向服务器发送确认包 ACK（ACK=k+1），此包发送完毕，客户端和服务器进入 ESTABLISHED 状态，完成 3 次握手。

试题 13．IP 组播有哪些好处？

答案：因特网上产生的许多新的应用（特别是高带宽的多媒体应用）造成了带宽的急剧消耗和网络拥挤。IP 组播是一种允许一个或多个发送者（组播源）同时发送单个数据包到多个接收者的网络技术。IP 组播可以大大节省网络带宽，因为无论有多少个目标地址，在整个网络的任何一条链路上只传送单个数据包。另外，IP 组播技术可以在节约网络资源的前提下保证服务质量。

试题 14．如果把一个网络 40.15.0.0 分成两个子网，第 1 个子网是 40.15.0.0/17，那么第二个子网是什么？

答案：若把主网分成两个网段，子网掩码分别是 0xFF 0xFF 0x80 0x00 和 0xFF 0xFF 0x00 0x00。根据题意，第二个子网是 40.15.128.0/17。

试题 15．一个 C 类网络最多能容纳多少台主机？

答案：因为 C 类子网中 IP 地址中最后一位数大于零且小于 255，其中，0 和 255 不能用，所以最多能容纳 254 台主机。

试题 16．ICMP 是什么？

答案：ICMP 是 Internet Control Message Protocol 的缩写，即因特网控制报文协议。它是 TCP/IP 协议族的一个子协议，用于在 IP 主机、路由器之间传递控制消息。控制消息是指网络通不通、主机是否可达、路由器是否可用等网络本身的消息。这些控制消息虽然并不传输用户数据，但是对于用户数据的传递起着重要的作用。ICMP 报文有两种——差错报告报文和询问报文。

试题 17．TFTP 是什么？

答案：TFTP 是 Trivial File Transfer Protocol 的缩写，是 TCP/IP 协议族中一个用于在客户端与服务器之间进行简单文件传输的协议，可提供不复杂、开销不大的文件传输服务。

试题 18．HTTP 是什么？

答案：HTTP 即超文本传输协议，是一个属于应用层的面向对象的协议，由于其简捷、快速的特点，它适用于分布式超媒体信息系统。

试题 19．DHCP 是什么？

答案：DHCP 是动态主机配置协议，是一种让系统连接到网络并获取所需要配置参数的手段。

试题 20．IP 的定义是什么？它应用在哪个层上？主要有什么作用？TCP 和 UDP 呢？

答案：IP 是网络层的协议，它是为了实现相互连接的计算机之间的通信而设计的协议，它可实现自动路由功能，即自动寻径功能。TCP 是传输层的协议，它向下屏蔽 IP 的不可靠传输的特性，向上提供一种面向连接的、可靠的点到点数据传输。TCP 在可靠性和安全性上更有保证。UDP 也是传输层协议，它提供的是一种无连接的、不可靠的数据传输，这主要是因为有些应用需要更快速的数据传输，如局域网内的大多数文件传输是基于 UDP 的。基于 UDP 的数据传输速度更快，开销更小。

试题 21．因特网上保留了哪些内部 IP 地址？

答案：10.0.0.0，172.16.0.0～172.31.255.255，192.168.0.0～192.168.255.255。

试题 22．网桥的作用是什么？

答案：网桥是一个局域网与另一个局域网之间建立连接的桥梁。

试题 23．数据链路层的互连设备有哪些？

答案：具体互连设备如下。

- 网桥：互连两个采用不同数据链路层协议、不同传输介质与不同传输速率的网络，网桥互连的网络在数据链路层以上采用相同的协议。
- 交换机：在数据链路层上实现互连的存储转发设备。交换机按每个包中的 MAC 地址相对简单地确定信息转发方式。交换机对应硬件，网桥对应软件。

试题 24．传输层的协议是什么？其端口的作用是什么？

答案：TCP，传输单位为 TCP 报文段；UDP，传输单位为用户数据报。其端口的作用是识别哪个应用程序在使用该协议。

试题 25．当无盘工作站向服务器申请 IP 地址时，使用的是什么协议？

答案：RARP。

试题 26．提供可靠数据传输、流程控制的是 OSI 7 层模型的第几层？

答案：传输层。

试题 27．子网掩码出现在哪一层？

答案：网络层。

试题 28．中继器、交换机、网桥、网关中，哪些属于数据链路层设备？

答案：交换机和网桥。

试题 29．交换机、路由、中继器、集线器中，哪些属于物理层设备？

答案：中继器和集线器。

试题 30．网桥、交换机、路由器、集线器中，哪些可以用于对以太网分段？

答案：网桥、路由、交换机。

试题 31．VLAN 表示什么？

答案：广播域。

试题 32．划分子网的是 IP 地址的哪一部分？

答案：主机地址。

试题 33．简述 TCP 的 3 次握手过程。为什么会采用 3 次握手？若采用两次握手可以吗？

答案：建立连接的过程是利用客户端/服务器模式，假设主机 A 为客户端，主机 B 为服务器。

（1）TCP 的 3 次握手过程：主机 A 向 B 发送连接请求，主机 B 对收到的主机 A 的报文段进行确认，主机 A 对主机 B 的确认结果进行确认。

（2）采用 3 次握手是为了防止失效的连接请求报文段突然又传送到主机 B，因此产生错误。失效的连接请求报文段是指主机 A 发出连接请求没有收到主机 B 的确认，于是经过一段时间后，主机 A 又重新向主机 B 发送连接请求，且建立成功，顺利完成数据传输。考虑这样一种特殊情况，主机 A 第一次发送的连接请求并没有丢失，因为网络节点导致连接请求延迟到达主机 B，主机 B 以为这是主机 A 又发起的新连接请求，于是主机 B 同意连接，并向主机 A 发回确认结果。然而，此时主机 A 根本不会理会，主机 B 就一直在等待主机 A 发送数据，导致主机 B 的资源浪费。

（3）不可以采用两次握手，原因就是上面说的失效的连接请求的特殊情况。

试题 34．网络按地域的分类是什么？

答案：局域网、广域网和城域网。

试题 35．在搜索引擎中输入 query，从单击"搜索"按钮后显示结果页面，这中间是一个什么样的过程？希望从个人所能想象的角度描述得尽可能细致。

答案：浏览器组 HTTP 请求的包发送到服务器后，中间会有域名解析及路由过程。WebServer 先处理 HTTP 请求，然后交给后端程序进一步处理，后端处理结果经 WebServer 组包返回浏览器，最后浏览器对返回的结果进行渲染或二次请求。

试题 36．简述套接字编程过程中调用的 API，并指出哪些 API 会生成套接字。

答案：服务器调用的 API 包括 socket、bind、listen、accept、recv、write、close。客户端调用的 API 包括 connect、write、recv、close。

生成套接字的 API 包括 socket、accept。

试题 37．TCP/IP 4 层模型的层次并不是按 OSI 7 层模型来划分的，相对于 OSI 7 层模型，ICP/IP 4 层模型没有了哪 3 层？

答案：会话层、表示层和物理层。

2.5 设计模式

2.5.1 5 种常用设计模式

考点

5 种常用设计模式的理论理解和实际应用

1. 简单工厂模式

简单工厂模式的优点是，工厂类中包含了必要的逻辑判断，根据客户端的选择条件动态实例化相关的类，对于客户端来说，去除了与具体产品的依赖。

客户端实例化对象时不需要关心该对象是由哪个子类实例化的。简单工厂模式的结构如图 2.18 所示。

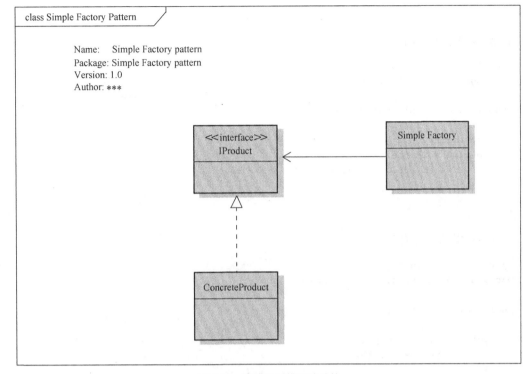

图 2.18　简单工厂模式的结构

简单工厂模式中的角色如下。

- IProduct 接口：表示抽象产品类。
- ConcreteProduct 类：表示产品类的具体实现。
- Simple Factory：表示简单工厂类。

简单工厂模式的本质在于为客户端选择相应的实现，从而使客户端和实现方式之间解耦。其优缺点如下。

- 优点：帮助封装，解耦，通过简单工厂类实现客户端和具体实现类的解耦。
- 缺点：可能增加客户端的复杂度，不方便扩展子工厂。

举例如下。

Api 接口的实现如下。

```java
[java] view plaincopy
package com.examples.pattern.simpletFactory;

public interface Api{

    public void operation(String s);
```

```java
}
```

Impl 类的实现如下。

```java
[java] view plaincopy
package com.examples.pattern.simpletFactory;

public class Impl implements Api{

    @Override
    public void operation(String s){
        System.out.println(">>>>>>>>>>>>>>"+s);
    }

}
```

Factory 类的实现如下。

```java
[java] view plaincopy
package com.examples.pattern.simpletFactory;

public class Factory{

    public Api createApi(){
        return new Impl();
    }

}
```

Client 类的实现如下。

```java
[java] view plaincopy
package com.examples.pattern.simpletFactory;

public class Client{

    public static void main(String[] args){
        Api api = new Factory().createApi();
        api.operation("测试简单工厂模式…… ");
    }

}
```

2．单例模式

单例模式可以是很简单的，它只需要一个类就可以完成。但是如果考虑对象创建的次数及何时被创建，单例模式可以相当复杂，如涉及双锁检测（Double Checked Locking，DCL）的讨论、多个类加载器（ClassLoader）协同、跨 JVM（集群、远程 EJB 等）、单例对象被销毁后重建等。

对于系统中的某些类来说，只有一个实例很重要。例如，一个系统中可以存在多个输出任务，但是只能有一个正在处理的任务，一个系统中只能有一个窗口管理器或文件系统，一个系统只能有一个计时工具或 ID（序号）生成器。例如，在 Windows 操作系统中就只能打开一个任务管理器。如果不使用机制对窗口对象进行唯一化，将弹出多个窗口。如果这些窗口显示的内容完全一致，则说明定义了多个对象，浪费了内存资源；如果这些窗口显示的内容不一致，则意味着在某一瞬间系统有多个状态，与实际不符，并且会给用户带来误解，让用户不知道哪一个才是真实的状态。因此，有时确保系统中某个对象的唯一性（一个类只能有一个实例）非常重要。

如何保证一个类只有一个实例并且这个实例易于被访问呢？定义一个全局变量可以确保对象随时都可以被访问，但不能防止我们实例化多个对象。一个更好的解决办法是让类自身负责保存它的唯一实例。这个类可以保证没有其他实例被创建，并且它可以提供一个访问该实例的方法。这就是单例模式的设计动机。

显然，单例模式的特点有三个。

- 某个类只能有一个实例。
- 类必须自行创建这个实例。
- 类必须自行向整个系统提供这个实例。

单例模式的优点如下。

- 实例控制：单例模式会阻止其他对象实例化自己的单例对象的副本，从而确保所有对象都访问唯一实例。
- 灵活性：因为类控制了实例化过程，所以类可以灵活更改实例化过程。

单例模式的缺点如下。

- 开销较大：虽然数量很少，但如果每次对象请求引用时都要检查是否存在类的实例，仍然需要一些开销。可以通过使用静态初始化解决此问题。
- 可能的开发混淆：使用单例对象（尤其在类库中定义的对象）时，开发人员不能使用 new 关键字实例化对象。因为可能无法访问库源代码，所以应用程序开发人员可能会意外发现自己无法直接实例化此类。
- 对象生存期：不能解决删除单个对象的问题。在提供内存管理的语言（如基于 .NET Framework 的语言）中，只有单例类能够导致实例被取消分配，因为它包含对该实例的私有引用。在某些语言（如 C++）中，其他类可以删除对象实例，但这样会导致单例类中出现悬浮引用。

3. 观察者模式

观察者模式有时称为发布/订阅模式，它定义了一种一对多的依赖关系，让多个观察者对象同时监听某一个主题对象。该主题对象在状态发生变化时，会通知所有观察者对象，使它们能够自动更新自己。

将一个系统分割成一些相互协作的类有一个副作用——需要维护相关对象间的一致性。我们不希望为了维护一致性而使各类紧密耦合，因为这样会给维护、扩展和重用类都带来不便。观察者模式就是解决这类耦合关系的。

观察者模式的模块关系如图 2.19 所示。

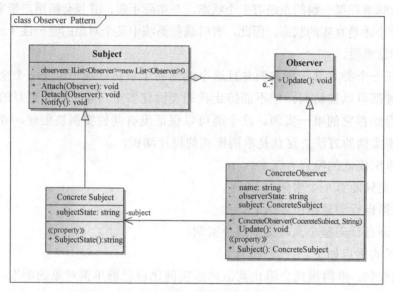

图 2.19   观察者模式的模块关系

模式中的角色如下。

- 抽象主题（Subject）：把所有观察者对象的引用保存到一个集合里，每个主题都可以有任何数量的观察者。抽象主题提供一个接口，可以增加和删除观察者对象。
- 具体主题（Concrete Subject）：将有关状态存入具体观察者对象；在具体主题的内部状态改变时，给所有登记过的观察者发出通知。
- 抽象观察者（Observer）：为所有的具体观察者定义一个接口，在得到主题通知时更新自己。
- 具体观察者（Concrete Observer）：实现抽象观察者角色所要求的更新接口，以便使本身的状态与主题状态协调。

观察者模式的优缺点如下。

- 优点：解除了主题和具体观察者的耦合，让耦合的双方都依赖抽象事物，而不是依赖具体事物，从而使得各自的变化都不会影响另一边的变化。
- 缺点：依赖关系并未完全解除，抽象通知者依旧依赖抽象的观察者。

观察者模式的适用场景如下。

- 一个对象的改变造成其他对象的改变，而且这个对象不知道具体有多少个对象有待改变。
- 一个抽象模型有两个方面，当其中一个方面依赖于另一个方面时，用观察者模式可以将这两者封装在独立的对象中，使它们各自独立地改变和复用。

4. 命令模式

命令模式将一个请求封装成一个对象，从而可以使用不同的请求把客户端参数化，对请求排队或者记录请求日志，可以提供命令的撤销和恢复功能。对于大多数请求-响应模式的功能，比较适合使用命令模式。命令模式有助于实现记录日志、撤销操作等。命令模式的基本结构如图 2.20 所示。

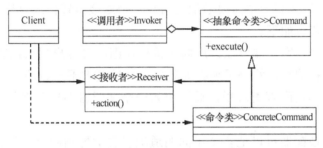

图 2.20　命令模式的基本结构

顾名思义，命令模式就是对命令的封装。命令模式中的角色如下。

- Command 类：一个抽象类，类中对需要执行的命令进行声明，一般来说，要对外公布一个 execute()方法，用来执行命令。
- ConcreteCommand 类：Command 类的实现类，对抽象类中声明的方法进行实现。
- Client 类：最终的客户端调用类。

命令模式的优点如下。

首先，命令模式的封装性很好。每个命令都被封装起来，对于客户端来说，需要什么功能就调用相应的命令，而无须知道命令具体是怎么执行的。例如，有一组文件操作命令，用于新建文件、复制文件、删除文件。如果把这 3 个操作都封装成一个命令类，则客户端只需要知道有这 3 个命令类即可，至于命令类中封装好的逻辑，客户端无须知道。

其次，命令模式的扩展性很好。在命令模式中，在 Receiver 类中一般会对操作进行基本的封装，Command 类则通过对这些基本的操作进行两次封装。当增加新命令时，对命令类的编写一般不是从零开始的，有大量的接收者类可供调用，也有大量的命令类可供调用，代码的可复用性很高。例如，文件操作中，如果要增加一个剪切文件的命令，则只需要把复制文件和删除文件这两个命令进行组合即可。

命令模式的缺点就是如果命令很多，开发起来会较困难。特别是很多简单的命令，实现起来几行代码即可，而如果使用命令模式，无论命令多简单，都需要写命令类来封装。

5．适配器模式

适配器模式将一个类的接口转换成客户端希望的另外一个接口。适配器模式使得原本由于接口不兼容而不能一起工作的那些类可以在一起工作。

适配器模式中的角色如下。

- 目标接口：客户端所期待的接口。目标可以是具体的或抽象的类，也可以是接口。
- 需要适配的类：需要适配的类或适配者类。
- 适配器：通过包装一个需要适配的对象，把原接口转换成目标接口。

适配器模式的优点如下。

（1）通过适配器，客户端可以调用同一接口，因此对客户端来说适配器是透明的。

（2）复用了现存的类，解决了现存类和复用环境要求不一致的问题。

（3）将目标类和适配者类解耦，通过引入一个适配器类重用现有的适配者类，而无须修改原有代码。

（4）一个对象适配器可以把多个不同的适配者类适配到同一个目标，即同一个适配器可以把适配者类和它的子类都适配到目标接口。

适配器模式缺点是对于对象适配器来说，更换适配器的实现过程比较复杂。

适配器模式的使用场景如下。

（1）系统需要使用现有的类，而这些类的接口不符合系统的接口。

（2）要建立一个可以重用的类，用于与一些彼此之间没有太大关联的类（包括一些可能在将来引进的类）一起工作。

（3）两个类所做的事情相同或相似，但是具有不同接口。

（4）旧的系统开发的类已经实现了一些功能，客户端却只能以其他接口的形式访问，但我们不希望手动更改原有类。

（5）需要使用第三方组件。组件接口定义和自己定义的不同，不希望修改自己的接口，但是要使用第三方组件接口的功能。

2.5.2　笔试题和面试题

试题1．用简单工厂模式设计一个计算器，该计算器可以完成简单的加法和减法运算。

答案：模式结构如图2.21所示。

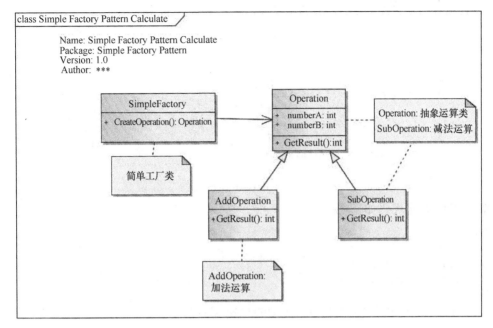

图 2.21　试题 1 的模式结构

模式中的角色如下。

- SimpleFactory：表示简单工厂类。

- Operation：表示抽象运算类。

- AddOperation：表示加法运算。

- SubOperation：表示减法运算。

抽象运算类的示例代码如下。

```
/// <summary>
/// 抽象运算类
/// </summary>
public abstract class Operation
{
    public int numberA;
    public int numberB;
    public abstract int GetResult();
}
/// <summary>
/// 加法运算
/// </summary>
public class AddOperation : Operation
{
    public override int GetResult()
    {
```

```
            return (this.numberA+this.numberB);
        }
}
/// <summary>
/// 减法运算
/// </summary>
public class SubOperation : Operation
{
    public override int GetResult()
    {
        return (this.numberA-this.numberB);
    }
}
```

简单工厂类的代码如下。

```
/// <summary>
/// 简单工厂类
/// </summary>
public class SimpleFactory
{
    public static Operation CreateOperation(string operation)
    {
        Operation o=null;

        switch (operation)
        {
            case "+":
                o=new AddOperation();
                break;
            case "-":
                o=new SubOperation();
                break;
        }
        return o;
    }
}
```

客户端的代码如下。

```
static void Main(string[] args)
{
    Operation operation1=SimpleFactory.CreateOperation("+");
    operation1.numberA=10;
    operation1.numberB=20;
    Console.WriteLine("{0}+{1}={2}",operation1.numberA,operation1.numberB,
    operation1.GetResult());

    Operation operation2=SimpleFactory.CreateOperation("-");
    operation2.numberA=10;
```

```
    operation2.numberB=20;
    Console.WriteLine("{0}-{1}={2}",operation2.numberA,operation2.numberB,
    operation2.GetResult());

    Console.Read();
}
```

试题 2. Kerrigan 实例希望实现懒加载（Lazy Load），如何在需要的时候才构造 Kerrigan 实例？

答案：

```
/**
 * 能应对大多数情况下的单例实现
 */
public class SingletonKerrigan implements Serializable {

    private static class SingletonHolder {
        /**
         * 单例对象实例
         */
        static final SingletonKerrigan INSTANCE=new SingletonKerrigan();
    }

    public static SingletonKerrigan getInstance() {
        return SingletonHolder.INSTANCE;
    }

    /**
     * private 标注的构造函数用于避免外界直接使用 new 来实例化对象
     */
    private SingletonKerrigan() {
    }

    /**
     * readResolve 方法
     */
    private Object readResolve() {
        return getInstance();
    }
}
```

试题 3. 某房地产公司欲开发一套房产信息管理系统，根据如下描述选择合适的设计模式进行设计。

（a）该公司有多种房屋类型，如公寓、别墅等，在将来可能会增加新的房型。

（b）销售人员每售出一套房子，主管将收到相应的销售消息。

分析：可以分别选择简单工厂模式与观察者模式。

答案：参考类图如图 2.22 所示。在类图中，HouseCreator 是抽象房屋工厂类，其子类 VilladomCreator 用于创建别墅（Villadom），子类 ApartmentCreator 用于创建公寓（Apartment），Villadom 和 Apartment 都是抽象房屋类 House 的子类，其中应用了简单工厂模式。如果增加新类型的房屋，只需对应增加新的抽象房屋工厂类即可，原有代码无须做任何修改。House 类同时是抽象观察目标，子类 Villadom 和 Apartment 是具体观察目标，相关人员类 Stakeholder 是抽象观察者，其子类 Manager（主管）是具体观察者，并且实现了在 Stakeholder 中声明的 response()方法。当房屋售出时，房屋的状态（status）将发生变化，在 setStatus()方法中调用具体观察者的 response()方法，主管将收到相应消息，其中应用了观察者模式。

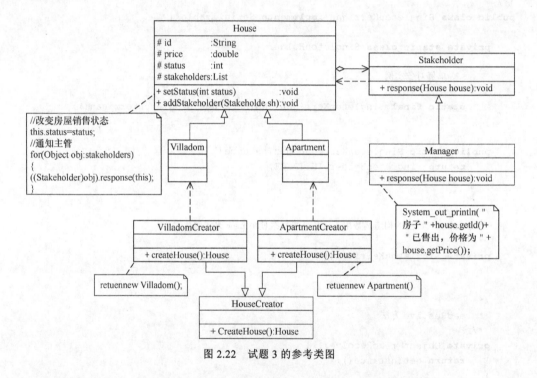

图 2.22　试题 3 的参考类图

试题 4．猫大叫一声，附近的老鼠都拼命逃跑，主人从美梦中惊醒。

要求如下。

（1）要有联动性，老鼠和主人的行为是被动的。

（2）考虑可扩展性，猫的叫声可能引起其他联动效应。

答案：本题可使用观察者模式，参考类图如图 2.23 所示。

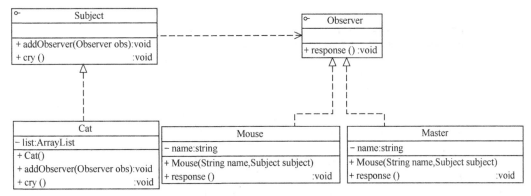

图 2.23　试题 4 的参考类图

代码如下。

```java
import java.util.*;
interface Subject     //抽象主题
{
        public   void addObserver(Observer obs);
        public   void cry();
}
interface Observer     //抽象观察者
{
        public   void response();
}
class Cat implements Subject     //具体主题
{
        private  ArrayList<Observer> list;
        public   Cat()
        {
                list=new ArrayList<Observer>();
        }

        public   void addObserver(Observer obs)
        {
                list.add(obs);
        }

        public   void cry()
        {
                System.out.println("猫大叫一声！");
                for(Object   obj : list)
                {
                        ((Observer)obj).response();
                }
        }
}
class Mouse implements Observer        //具体观察者
```

```
{
        private  String name;
        public  Mouse(String name, Subject subject)
        {
                this.name=name;
                subject.addObserver(this);
        }

        public  void response()
        {
                System.out.println(this.name+"拼命逃跑！");
        }
}
class Master implements Observer        //具体观察者
{
        private  String name;
        public Master(String name,Subject subject)
        {
                this.name=name;
                subject.addObserver(this);
        }
        public  void response()
        {
                System.out.println(this.name+"从美梦中惊醒！");
        }
}



class Client      //客户端测试类
{
        public  static void main(String args[])
        {
                Subject  cat=new Cat();
                Observer  mouse1,mouse2,master;
                mouse1=new Mouse("大老鼠",cat);
                mouse2=new Mouse("小老鼠",cat);
                master  = new Master("主人",cat);
                cat.cry();
        }
}
```

输出结果如下。

```
//猫大叫一声！

//大老鼠拼命逃跑！

//小老鼠拼命逃跑！
```

//主人从美梦中惊醒！

试题 5. Windows Media Player 和 RealPlayer 是两种常用的播放器，它们的 API 结构和调用方法存在区别。现在应用程序需要支持这两种播放器的 API，而且在将来可能还需要支持新的播放器 API，请问如何设计该应用程序？

答案：本题可使用适配器模式和抽象工厂模式，参考类图如图 2.24 所示。

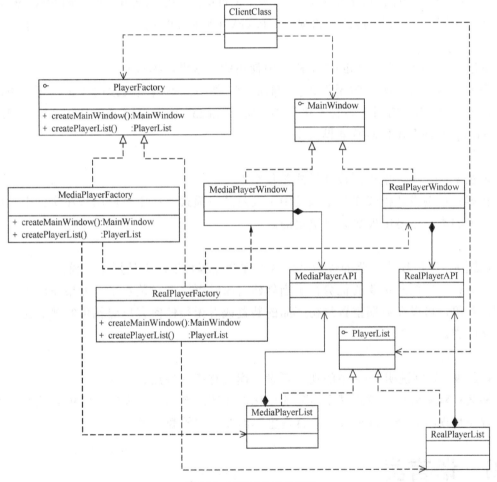

图 2.24　试题 5 的参考类图

在该类图中，我们为两种不同的播放器提供了两个具体工厂类 MediaPlayerFactory 和 RealPlayerFactory。其中 MediaPlayerFactory 作为 Windows Media Player 播放器工厂，可以创建 Windows Media Player 的主窗口（MediaPlayerWindow）和播放列表（MediaPlayerList）（为了简化类图，只列出主窗口和播放列表这两个播放器组成元素，实际情况下应包含更多组成元素）；RealPlayerFactory 作为 RealPlayer 播放器工厂，创建 RealPlayer 的主窗口（RealPlayerWindow）和播放列表（RealPlayerList）。此时可以使用抽象工厂模式，客户端针对抽象工厂 PlayerFactory 编程。如果要增加新的播放器，只需增加一个新的具体工厂来生产新产品族中的产品即可。由于需要调用现有 API 中的方法，因此还需要使用适配器模式，在具体产品类（如 MediaPlayerWindow 和 MediaPlayerList）中调用 Windows Media Player API 中的方法，在 RealPlayerWindow 和 RealPlayerList 中调用 RealPlayer API 中的方法，实现对 API 中方法的适配。此时具体产品（如 MediaPlayerWindow、RealPlayerWindow 等）充当适配器，而已有的 API（如 MediaPlayerAPI 和 RealPlayerAPI）是需要适配的适配者。

试题 6．你能说出在标准的 JDK 库中使用的一些设计模式吗？

答案：装饰设计模式常用于各种 Java I/O 类中；单例模式常用在运行环节中，如 Calendar；工厂模式常用于各种不可变类，如 Boolean。Boolean.valueOf 和观察者模式常用于 Swing 和许多事件监听器框架中。

试题 7．在 Java 中单例设计模式是什么？

答案：单例设计模式在整个系统中主要是共享模式。在整个应用程序实例中只保持一个特定的类，这是由模块共享决定的。

试题 8．工厂模式主要的优势是什么？你会在哪种情况下使用工厂模式？

答案：工厂模式主要的优势在于当创建对象时可提高封装水平。如果使用工厂模式来创建对象，可以在后期重置最初产品的装置或者无须任何客户层就可实现更先进、更高性能的类。

试题 9．举例说明 Java 中的观察者设计模式有哪些特点。

答案：观察者设计模式基于对象的变化而改变。例如，在天气系统中必须将天气变化的视图呈现给观众。这里天气项目是主体而非不同的观察者。

2.6　语言类

2.6.1　C++笔试题和面试题

试题 1．符号常量 const char *p、char const *p、char * const p 分别表示什么含义？

分析：如果 const 位于"*"的左侧，则 const 用来修饰指针所指向的常量，即指针指向常量。如果 const 位于"*"的右侧，则 const 修饰指针本身，即指针本身是常量。

答案：const char *p 和 char const *p 表示指针指向常量，char * const p 表示指针本身是常量。

试题 2．请说明析构函数和虚函数的用法与作用。

答案：析构函数的作用是当对象生命周期结束时释放对象所占用的资源。析构函数是特殊的类函数，它的名字和类名相同，没有返回值，没有参数，不能随意调用也没有重载，只在类对象生命周期结束时由系统自动调用。虚函数用在继承中，当在派生类中需要重新定义基类中的函数时，需要在基类中将该函数声明为虚函数，作用为使程序支持动态联编。

试题 3．请说明 C++中堆和栈的区别。

答案：栈由编译器自动分配、释放，存放函数的参数值、局部变量值等，其操作方式类似于数据结构中的栈。

堆一般由程序员分配、释放，若不释放，程序结束时可能由操作系统回收。注意，它与数据结构中的堆是两个概念，但分配方式类似。

试题 4．头文件的作用是什么？

答案：通过头文件来调用库功能。头文件能加强类型安全检查。

试题 5．内存分配方式有几种？

答案：内存分配方式有 3 种。

（1）从静态存储区域分配。内存在程序编译时已经分配好，这块内存在程序运行期间都存在，如全局变量。

（2）从栈上分配。运行函数时，函数内部局部变量的存储单元都可以从栈上分配，函数运行结束时这些存储单元自动被释放。栈内存分配运算内置于处理器中，效率高，但是分配的内存容量有限。

（3）从堆上分配，也称动态内存分配。

试题 6．以下为 Windows NT 下的 32 位 C++程序，请计算 sizeof 的值。

```
Char str[]="Hello";
Char *p=str;
```

```
Int n=10
```

答案：

```
sizeof(str)=6
sizeof(p)=4
sizeof(n)=2
```

试题 7．#include<filename.h>和#include "filename.h"有什么区别？

答案：对于#include<filename.h>，编译器从标准库路径开始搜索 filename.h；对于 #include "filename.h"，编译器从用户的工作路径中开始搜索 filename.h。

试题 8．（a）在以下代码中，运行 Test()函数会有什么样的结果？

```
Void GetMemory(char *p)
{
        P=(char *)malloc(100);
}
Void Test(void)
{
        Char *str=NULL;
        GetMemory(str);
        Strcpy(str,"hello world");
        Printf(str);
}//函数内的变量是独立于 main()的，改变它们不会影响 main()中的变量
```

答案：程序会崩溃，因为 GetMemory()并不能传递动态内存，Test()函数中的 str 一直是 NULL。

（b）在以下代码中，运行 Test()函数会有什么样的结果？

```
Char *GetMemory(void)
{
    Char p[]="hello world";
    Return p;
}
Void Test(void)
{
    Char *str=NULL;
    Str=GetMemory();
    Printf(str);
}
```

答案：可能出现乱码。因为 GetMemory()返回的是指向"栈内存"的指针，该指针的地址不是 NULL，但其原先的内容已经被清除，新内容不知。

（c）在以下代码中，运行 Test()函数会有什么样的结果？

```
Void GetMemory2(char **p,int num)
```

```
{
    *P=(char *)malloc(num);
}
Void Test(void)
{
    Char *str=NULL;
    GetMemory(&str,100);
    Strcpy(str,"hello");
    Printf(str);
}
```

答案：能够输出 hello，造成内存泄漏。

（d）在以下代码中，运行 Test()函数会有什么样的结果？

```
Void Test(void)
{
    Char *str=(char *) malloc(100);
    Strcpy(str,"hello");
    Free(str);
    If(str!=NULL)
    {
     Strcpy((str,"world");
      Printf(str);
     }
}
```

答案：篡改动态内存区的内容，后果难以预料，非常危险。因为执行 Free(str)后，str 成为野指针，If(str!=NULL)语句不起作用。

试题 9．请说明引用与指针的区别。

答案：指针是一个实体，而引用仅是一个别名；引用在使用时无须解引用（*），指针需要引用；引用只能在定义时初始化一次，之后不可变，指针可变；引用没有 const，指针有 const；"sizeof(引用)"得到的是所指向的变量（对象）的大小，而"sizeof(指针)"得到的是指针本身（所指向的变量或对象的地址）的大小；指针和引用的自增（++）运算的意义不一样；从内存分配上看，程序为指针变量分配内存区域，而引用不需要分配内存区域。

试题 10．请说明 sizeof 和 strlen 的区别。

答案：区别如下。

（1）sizeof 操作符的结果类型是 size_t，它在头文件中 typedef 为 unsigned int 类型，该类型能容纳所建立的最大对象。

（2）sizeof 是运算符，strlen 是函数。

（3）sizeof 可以以类型作为参数；strlen 只能以 char* 作为参数，且必须以换行符（\0）结尾。

（4）strlen 的结果要在运行时才能计算出来，用于计算字符串的长度，而不是类型占内存的大小。

（5）传递给 sizeof 的参数不退化，传递给 strlen 的参数退化为指针。

试题 11． 请说明 malloc 与 new 的区别。

答案： 区别如下。

（1）new 是 C++ 中的操作符，malloc 是 C 中的一个函数。

（2）new 不仅会分配内存，还会调用类的构造函数；同理，delete 会调用类析构函数。而 malloc 只分配内存，不会进行初始化类成员的工作；同样，free 也不会调用析构函数。

（3）内存泄漏对于 malloc 或者 new 都可以检查出来，区别在于 new 可以指明是哪个文件的哪一行导致的，而 malloc 没有这些信息。

（4）new 等价于 malloc 加构造函数的执行。

（5）new 返回的指针是直接带类型的信息，而 malloc 返回的都是 void 指针。

试题 12． 要从双向链表中删除一个节点 P，在节点 P 后插入一个节点，编写两个函数。

答案： 从双向链表中删除一个节点 P 的代码如下。

```
Template<class type> void list<type>::delnode(int p)
{
    int k=1;
    listnode<type> *ptr,*t;
    ptr=first;
While(ptr->next!=NULL&&k!=p)
{
      ptr=ptr->next;
      k++;
}
t=ptr->next;
cout <<"你已经将数据项"<<t->data<<"删除"<<endl;
ptr->next=ptr->next->next;
length-;
delte t;
}
```

在节点 P 后插入一个节点的代码如下。

```
Template<class type> bool list<type>::insert(type t,int p)
{   Listnode<type> *ptr;
    Ptr=first;
```

```
        int k=1;
while(ptr!=NULL && k<p)
{
    ptr=ptr->next;
    k++;
}
If(ptr==NULL&&k!=p)
{
    return false;
}
else
{
    Listnode<type> *tp;
    tp=new listnode<type>;
    tp->data=t;
    tp->next=ptr->next;
    ptr->next=tp;
    length++;
    return true;
}
}
```

试题 13． 运行以下代码会产生什么结果？为什么？

```
Char szstr[10];
Strcpy(szstr,"0123456789");
```

答案： 正常输出，但两个字符串的长度不一样，会覆盖其他内容。

试题 14． 请描述多态的作用。

答案： 不必编写每一子类的功能调用，可以直接把不同子类当作父类，屏蔽子类间的差异，提高代码的通用率/复用率。

试题 15． 如何输出当前源文件的名称及源文件的当前行号？

答案： 通常使用 _ _FILE_ _ 和 _ _LINE_ _，在调试函数中利用"%s"与"%ld"，输出。

试题 16． main()主函数运行完毕后，是否可能会再运行一段代码？给出说明。

答案： 会运行另一些代码，进行处理工作。如果需要加入一段在 main()退出后运行的代码，可以使用 atexit()函数，注册一个函数。

试题 17． 与#define 定义的常量相比，const 有何优点？

答案： （1）const 有数据类型，而使用#define 定义的常量没有数据类型。编译器可以对前者进行类型安全检查；而对后者只进行字符替换，没有类型安全检查，并且在字符替换时可能会产生意料不到的错误。

（2）有些集成化的调试工具可以对 const 进行调试，但是不能对#define 定义的常量进行调试。

试题 18. 简述数组与指针的区别。

答案： 区别如下。

（1）数组要么在静态存储区（如全局数组）中创建，要么在栈上创建。指针可以随时指向任意类型的内存块。

（2）两者在修改内容上的差别如下。

```
char a[]="hello";
a[0]='X';
char *p="world"; //p 指向常量字符串
p[0]='X'; //编译器不能发现该错误，运行时出现错误
```

（3）用运算符 sizeof 可以计算出数组的容量（字节数）。p 为指针，sizeof(p)得到的是一个指针变量的字节数，而不是 p 所指的内存容量。C++/C 无法知道指针所指的内存容量，除非在申请内存时记住它。注意，当作为函数的参数传递数组时，该数组自动退化为同类型的指针。

```
char a[]="hello world";
char *p=a;
cout<<
cout<<
```

计算数组和指针的内存容量。

```
voidFunc(char a[100])
{
cout<<
 }
```

试题 19. const 的作用是什么？

答案：（1）可以定义常量。

（2）const 可以修饰函数的参数和返回值，甚至函数的定义体。被 const 修饰的内容都受到强制保护，可以预防意外的变动，增强程序的健壮性。

试题 20. 在 C++里如何声明 const void f(void)函数为 C 程序中的库函数？

答案： 在该函数前添加 extern"C"声明。由于编译后的名字不同，因为 C++程序不能

直接调用 C 函数。

试题 21．C++中，关键字 struct 和 class 的区别是什么？
答案：struct 定义的类的默认成员为公有的，而 class 定义的类的默认成员为私有的。

试题 22．C++函数中值的传递方式有哪几种？
答案：C++函数中值的传递方式有值传递、指针传递和引用传递 3 种。

试题 23．函数模板与类模板有什么区别？
答案：函数模板的实例化是由编译程序在处理函数调用时自动完成的，而类模板的实例化必须由程序员在程序中显式地指定。

试题 24．数组 $a[N]$ 中存放了 $1\sim N-1$ 个数，其中某个数重复一次。写一个函数，找出重复的数字，时间复杂度必须为 $O(N)$，函数原型为 intdo_dup(int $a[]$,int N)。
答案：如果数就是 $1\sim N-1$，那么求出 $a[N]$ 的和，然后减去 $1\sim N-1$ 即可（确定数字 $1-N$）。

```
S=N*(N-1)/2;
int i;
int s=0;
for(i=0;i<n;++i)
{
    s+=a[i];
}
int res=s-S;</n;++i)
```

试题 25．程序由多个模块组成，所有模块都使用一组标准的 include 文件和相同的编译选项。在这种情况下，要将所有 include 文件预编译为一个预编译头，代码如下。

```
char * const p;
charconst * p
const char *p
```

上述 3 行代码有什么区别？
答案：

```
char * const p;     //常量指针，p 的值不可以修改
char const * p;     //指向常量的指针，指向的常量值不可以修改
const char *p;      //或者 char const *p
```

试题 26．对于无序数组[10,8,9,5,2,8,4,7,1,3]，请设计排序算法，要求时间复杂度为

$O(n)$,空间复杂度为 $O(1)$，使用交换的思路，而且一次只能交换两个数。

答案：

```
#include
int main()
{
int a[]={10,6,9,5,2,8,4,7,1,3};
intlen=sizeof(a)/sizeof(int);
int temp;
forint i=0; i
{
temp=a[a[i]-1];
a[a[i]-1]=a[i];
a[i]=temp;
if ( a[i]==i+1)
i++;
}
for int j=0;j
cout<<a[j]<<",";
 return 0;
}</a[j]<<",";
```

试题 27. 写一个函数，比较两个字符串 str1 和 str2 的大小。若相等，返回 0；若 str1 大于 str2，返回 1；若 str1 小于 str2，返回−1。

答案：

```
intstrcmp ( const char * str1,const char * str2)
{
int ret = 0 ;
while( ! (ret = *(unsigned char *)str1 - *(unsigned char *)str2) && *dst)//字符之差为整型
{
++str1;
++str2;
}
if ( ret < 0 ) ret = -1 ; else if ( ret > 0 )
ret = 1 ;
return( ret );
}
```

试题 28. C++中为什么用模板类？

答案：（1）它可用于创建动态增长和减小的数据结构。

（2）它与类型无关，因此具有很高的可复用性。

（3）它在编译时而不是在运行时检查数据类型，保证了类型安全。

（4）它与平台无关，具有可移植性。

（5）它可用于基本数据类型。

试题 29．指出全局变量、所有函数代码、静态变量和局部变量的存储位置。

- 全局变量存储在数据段。
- 所有函数代码存储在代码段。
- 静态变量存储在数据段或 BSS 段中。
- 局域变量存储在栈的静态数组。

试题 30．什么是"引用"？声明和使用"引用"要注意哪些问题？

答案：引用就是某个目标变量的"别名"（alias），对引用的操作与直接操作变量的效果完全相同。声明一个引用的时候，切记要对其进行初始化。引用声明完毕后，相当于目标变量有两个名称，即该目标变量原名称和引用名，不能再把该引用名作为其他变量的别名。声明一个引用不是新定义一个变量，它只表示该引用名是目标变量的一个别名。引用不是一种数据类型，因此它不占存储单元，系统也不给引用分配存储单元。不能建立数组的引用。

试题 31．使用"引用"传递函数的参数有哪些特点？

答案：（1）传递引用给函数与传递指针的效果是一样的。这时，被调函数的形参就作为原来主调函数中的实参或对象的一个别名来使用，所以在被调函数中对形参的操作就是对其相应的目标对象（在主调函数中）的操作。

（2）使用引用传递函数的参数，在内存中并没有产生实参的副本，而直接对实参进行操作。使用一般变量传递函数的参数，当发生函数调用时，需要给形参分配存储单元，形参是实参的副本；如果传递的是对象，还将调用构造函数。因此，当参数传递的数据较大时，用引用比用一般变量传递参数的效率更高，所占空间更小。

（3）使用指针作为函数的参数虽然也能达到与使用引用相同的效果，但是在被调函数中同样要给形参分配存储单元，且需要重复使用"*指针变量名"的形式进行运算，这很容易产生错误且程序的阅读性较差。另外，在主调函数的调用点处，必须用变量的地址作为实参。而引用更容易使用，更清晰。

试题 32．在什么时候需要使用"常引用"？

答案：如果既要利用引用提高程序的效率，又要保护传递给函数的数据，使其在函数中不改变，就应使用常引用。常引用声明方式为"const 类型标识符&引用名=目标变量名"。

例 1 如下。

```
int a ;
const int &ra=a;
ra=1; //错误
a=1; //正确
```

例 2 如下。

```
string foo( );
void bar(string&s);
```

下面的表达式将是非法的。

```
bar(foo( ));
bar("hello world");
```

原因在于 foo( )和 "hello world" 字符串都会产生一个临时对象，而在 C++中，这些临时对象都是 const 类型的。上面的表达式试图将一个 const 类型的对象转换为非 const 类型，这是非法的。

引用型参数在能定义为 const 的情况下，应该尽量定义为 const。

试题 33．引用与多态的关系是什么？

答案：除指针外，引用是另一个可以产生多态效果的手段，这意味着一个基类的引用可以指向它的派生类实例。

试题 34．引用与指针的区别是什么？

答案：指针通过某个指针变量指向一个对象后，对它所指向的变量间接操作。若在程序中使用指针，程序的可读性差，而引用本身是目标变量的别名，对引用的操作就是对目标变量的操作。

试题 35．重载（overload）和重写（overide，也叫覆盖）的区别是什么？

答案：从定义上来说，重载是指允许存在多个同名函数，而这些函数的参数表不同（或许参数个数不同，或许参数类型不同，或许两者都不同）；重写是指子类重新定义父类虚函数的方法。

从实现原理上来说，重载是指编译器根据函数不同的参数表，对同名函数的名称做修饰，然后这些同名函数就成了不同的函数（至少对于编译器来说是这样的）。例如，如果有两个同名的函数 functionfunc(p:integer):integer 和 functionfunc(p:string):integer，那么编译器做过修饰后的函数名称可能分别是 int_func、str_func。对于这两个函数的调用，在编译期间就已经确定了，它们是静态的，即它们的地址在编译期间就绑定了（早绑定）。

因此，重载和多态无关。

重写和多态真正相关。当子类重新定义了父类的虚函数后，父类指针根据赋给它的不同的子类指针，动态地调用属于子类的该函数，这样的函数调用在编译期间是无法确定的（调用的子类的虚函数的地址无法给出）。因此，函数地址是在运行期间绑定的（晚绑定）。

试题 36．new、delete 与 malloc、free 的联系与区别是什么？

答案：它们都在堆（Heap）上进行动态的内存操作。malloc 函数需要指定内存分配的字节数并且不能初始化对象，new 会自动调用对象的构造函数。delete 会调用对象的析构函数，而 free 不会调用对象的析构函数。

试题 37．类成员函数的重载、重写和隐藏的特征是什么？

答案：重载的特征如下。

（1）范围相同（在同一个类中）。

（2）函数名字相同。

（3）参数不同。

（4）virtual 关键字可有可无。

重写是指派生类的函数重写基类的函数，其特征如下。

（1）范围不同（分别位于派生类与基类中）。

（2）函数名字相同。

（3）参数相同。

（4）基类函数必须有 virtual 关键字。

隐藏是指派生类的函数屏蔽了与其同名的基类函数，其特征如下。

（1）如果派生类的函数与基类的函数同名，但是参数不同，那么，不论有无 virtual 关键字，基类的函数都被隐藏（注意，不要与重载混淆）。

（2）如果派生类的函数与基类的函数同名，并且参数相同，但是基类函数没有 virtual 关键字，那么基类的函数被隐藏（注意，不要与重写混淆）。

试题 38．一个链表的节点结构如下。

```
struct Node
{
int data ;
Node *next ;
};
typedef struct Node Node ;
```

（a）已知链表的头节点 head，写一个函数把这个链表逆序。

（b）已知两个链表有序 head1 和 head2，请把它们合并成一个链表并依然有序（保留所有节点，即便长度相同）。

答案：（a）要把链表逆序，代码如下。

```
Node * ReverseList(Node *head) //链表逆序
{
if(head==NULL||head->next==NULL )
return head;
Node *p1=head ;
Node *p2=p1->next ;
Node *p3=p2->next ;
p1->next=NULL ;
while (p3!=NULL )
{
p2->next=p1 ;
p1=p2 ;
p2=p3 ;
p3=p3->next ;
}
p2->next=p1 ;
head=p2 ;
return head ;
}
```

（b）需合并链表，代码如下。

```
Node * Merge(Node *head1 , Node *head2)
{
if ( head1==NULL)
return head2;
if ( head2==NULL)
return head1;
Node *head=NULL;
Node *p1=NULL;
Node *p2=NULL;
if(head1->data<head2->data )
{
head=head1;
p1=head1->next;
p2=head2;
}
Else
{
head=head2;
p2=head2->next;
p1=head1;
}
```

```
Node *pcurrent=head;
while(p1!=NULL&&p2!=NULL)
{
if(p1->data<=p2->data)
{
pcurrent->next=p1;
pcurrent=p1;
p1=p1->next;
}
Else
{
pcurrent->next=p2;
pcurrent=p2;
p2=p2->next;
}
}
if(p1!=NULL)
pcurrent->next=p1;
if(p2!= NULL)
pcurrent->next=p2;
return head;
}
```

试题 39. 全局变量和局部变量在内存中是否有区别？如果有，区别是什么？

答案： 有区别。全局变量存储在静态数据区中，局部变量存储在栈中。

试题 40. 栈溢出一般是由什么原因导致的？

答案： 没有回收垃圾资源。

试题 41. 总结 static 的作用。

答案： 作用如下。

（1）函数体内 static 变量的作用域为该函数体，不同于 auto 变量，该变量的内存只分配一次，因此在下次调用时其值仍维持上次的值。

（2）在模块内的 static 全局变量可以被该模块内所有函数访问，但不能被该模块外其他函数访问。

（3）在模块内的 static 函数只可被这一模块内的其他函数调用，该函数的使用范围被限制在声明它的模块内。

（4）在类中的 static 成员变量属于整个类，对类的所有对象只有一份副本。

（5）在类中的 static 成员函数属于整个类，该函数不接收 this 指针，因而只能访问类的 static 成员变量。

试题 42．总结 const 的作用。

答案：作用如下。

（1）欲阻止一个变量被改变，可以使用 const 关键字。在定义该 const 变量时，通常需要对它进行初始化，因为以后没有机会再改变它。

（2）对于指针来说，可以指定指针本身为 const 类型，也可以指定指针所指的数据为 const 类型，或将二者同时指定为 const 类型。

（3）在一个函数声明中，const 可以修饰形参，表明它是一个输入参数，在函数内部不能改变其值。

（4）对于类的成员函数，若指定它为 const 类型，则表明它是一个常函数，不能修改类的成员变量。

（5）对于类的成员函数，有时必须指定其返回值为 const 类型，以使得其返回值不为"左值"。

试题 43．请说明函数指针和指针函数的区别。

答案：函数指针是指向一个函数入口的指针，指针函数是指函数的返回值为指针类型。

试题 44．局部变量和全局变量是否可以同名？

答案：可以。局部变量会屏蔽全局变量。要用全局变量，需要使用"::"（域运算符）。

试题 45．类的声明和实现分开的好处是什么？

答案：（1）具有保护作用。

（2）可以提高编译效率。

试题 46．什么是消息映射？

答案：消息映射就是让程序员指定 MFC 类（有消息处理能力的类）处理某个消息，然后由程序员完成对该处理函数的编写，以实现消息处理功能。

试题 47．哪几种情况下必须用到初始化成员列表？

答案：初始化常量成员；成员类型是没有无参构造函数的类；初始化引用类型的成员。

试题 48．什么是常对象？

答案：常对象是指在任何场合都不能对其成员的值进行修改的对象。

试题 49．静态函数存在的意义是什么？

答案：静态私有成员在类外不能访问，可通过类的静态成员函数来访问。

当类的构造函数是私有的时候，它不能像普通类那样实例化自己，只能通过静态成员函数来调用构造函数。

试题 50．什么是抽象类？

答案：抽象类指不用来定义对象，而只作为一种基本类型用于继承的类。

试题 51．不允许重载的 5 个运算符是什么？

答案：（1）*（成员指针访问运算符）。

（2）::（域运算符）。

（3）sizeof（长度运算符）。

（4）?:（条件运算符）。

（5）.（成员访问符）。

试题 52．赋值运算符和复制构造函数的相同点与不同点是什么？

答案：相同点是二者都将一个对象复制到另一个对象中。

不同点是复制构造函数要新建一个对象。

试题 53．函数重载是什么意思？它与虚函数的概念有什么区别？

答案：函数重载是指一个同名函数可完成不同的功能，编译系统在编译阶段通过函数不同的参数个数、参数类型、函数的返回值来判断该调用哪一个函数，即实现的是静态的多态性。但是记住，不能仅通过函数的返回值不同来实现函数重载。在基类中通过使用关键字 virtual 来声明一个函数为虚函数，虚函数的功能可能在将来的派生类中定义或者在基类的基础之上进行扩展，系统只能在运行阶段动态决定该调用哪一个函数，所以实现的是动态的多态性。虚函数体现的是纵向的概念，即在基类和派生类间实现。

试题 54．构造函数和析构函数是否可以重载？为什么？

答案：构造函数可以重载，析构函数不可以重载。因为构造函数可以有多个且可以带参数，而析构函数只能有一个且不能带参数。

试题 55．delete 与 delete [] 的区别是什么？

答案：delete 只会调用一次析构函数，而 delete[] 会调用每一个成员的析构函数。

试题 56．请说出类中 private、protected、public 这 3 种访问权限的区别。

答案：private 是私有类型，只有本类中的成员函数可以访问；protected 是受保护的类型，本类和继承类中的成员函数可以访问；public 是公有类型，任何类中的成员函数都可以访问。

试题 57．虚拟函数与普通成员函数的区别是什么？内联函数和构造函数能否为虚拟函数？

答案：虚拟函数有 virtual 关键字，有虚拟指针和虚函数表，虚拟指针就是虚拟函数的接口，而普通成员函数没有。内联函数和构造函数不能为虚拟函数。

试题 58．通过代码说明指针数组和数组指针（指向数组的指针）的区别。

答案：

```
char *q[]={"xxx","xxx","xxx"};    //指针数组，q[0]为一个指针
char (*p)[]=a;                      //数组指针，p[0]为一个变量
```

试题 59．C 和 C++中的 struct 有什么不同？

答案：C 和 C++中 struct 的主要区别是 C 中的 struct 定义的数据结构不可以有成员函数，而 C++中的 struct 定义的数据结构可以有。

试题 60．数组和链表的区别是什么？

答案：数组的数据顺序存储，数组的大小固定；链表的数据随机存储，链表的大小可动态改变。

2.6.2 Java 笔试题和面试题

试题 1．哪些是 RuntimeException？

A．ArithmeticException

B．ClassNotFoundException

C．OutOfMemoryError

D．ClassCastException

E．InterruptedException

F．IllegalArgumentException

G．IndexOutOfBoundsException

H．NullPointException

答案：A、D、F、H。

试题 2．int 和 Integer 有什么区别？

答案：Java 提供两种不同的数据类型——引用类型和原始类型（或内置类型）。int 是 Java 的原始类型，Integer 是 Java 为 int 提供的封装类。Java 为每个原始类型提供了封装类。boolean 的封装类为 Boolean，char 的封装类为 Character，byte 的封装类为 Byte，short 的封装类为 Short，int 的封装类为 Integer，long 的封装类为 Long，float 的封装类为 Float，double 的封装类为 Double。

引用类型和原始类型的行为完全不同，并且具有不同的语义。引用类型和原始类型具有不同的特征和用法。引用类型实例变量的默认值为 NULL，而原始类型实例变量的默认值与它们的类型有关。

试题 3．String 和 StringBuffer 的区别是什么？

答案：Java 提供了两个类，即 String 类和 StringBuffer 类，它们可以存储和操作字符串，即包含多个字符的数据。String 类提供的字符串不可改变，而 StringBuffer 类提供的字符串可以修改。当知道字符串要改变的时候就可以使用 StringBuffer 类。典型地，可以使用 StringBuffer 来动态构造字符串。

试题 4．运行时异常与一般异常有何异同？

答案：异常表示程序运行过程中可能出现的非正常状态，而运行时异常表示虚拟机的通常操作中可能遇到的异常，是一种常见运行错误。Java 编译器要求方法必须声明、抛出可能发生的非运行时异常，但是并不要求必须声明、抛出未被捕获的运行时异常。

试题 5．说出 Servlet 和 CGI 的区别。

答案：Servlet 与 CGI 的区别在于，Servlet 处于服务器进程中，它通过多线程方式运行其 service()方法，一个实例可以服务于多个请求，并且其实例一般不会被销毁；而 CGI 对每个请求都产生新的进程，服务完成后就销毁，所以效率上低于 Servlet。

试题 6．请比较 ArrayList、Vector、LinkedList 的存储性能和特性。

答案：ArrayList 和 Vector 都使用数组方式存储数据，此数组元素数大于实际存储的数据，以便增加和插入元素。它们都允许直接按序号索引元素，但是插入元素要涉及数组元素移动等内存操作，所以索引数据快而插入数据慢。Vector 由于使用了 synchronized

方法（线程安全的），通常性能上较 ArrayList 差。而 LinkedList 使用双向链表实现存储，按序号索引数据时需要进行前向或后向遍历，但是插入数据时只需要记录本元素的前后元素即可，所以插入速度较快。

试题 7. Collection 和 Collections 的区别是什么？

答案：Collection 是集合类的上级接口，继承自它的接口主要有 Set 和 List。Collections 是针对集合类的一个帮助类，它提供一系列静态方法以实现对各种集合的搜索、排序等操作。

试题 8. & 和 && 的区别是什么？

答案：& 是位运算符，表示按位与运算；&& 是逻辑运算符，表示逻辑与（and）。

试题 9. GC 是什么？为什么要有 GC？

答案：GC 是指垃圾回收（Gabage Collection）。内存处理是编程中容易出现问题的地方，忘记回收内存或者错误的内存回收会导致程序或系统的不稳定甚至崩溃。Java 提供的 GC 功能可以自动监测对象是否超过作用域从而达到自动回收内存的目的。Java 没有提供释放已分配内存的显式操作方法。

试题 10. 以下两行代码中，有什么错？

```
short s1 = 1; s1 = s1 + 1;
short s1 = 1; s1 += 1;
```

答案：在第 1 行中，s1+1 的运算结果是 int 类型，需要强制转换类型。第 2 行可以正确编译。

试题 11. Math.round(11.5) 等于多少？Math.round(−11.5) 等于多少？

答案：round() 方法返回与参数最接近的长整数，即将原来的参数加 0.5 后再向下取整。因此，Math.round(11.5)==12，Math.round(−11.5)==−11。

试题 12. Java 中有没有 goto？

答案：goto 是 Java 中的保留字，如今没有在 Java 中使用。

试题 13. 要启动一个线程，调用 run() 方法还是 start() 方法？

答案：调用 start() 方法启动一个线程，使线程所代表的虚拟处理器处于可运行状态，这意味着它可以由 JVM 调度并运行。这并不意味着线程会立即运行。run() 方法可以产生必须退出的标志来停止一个线程。

试题 14． 下列说法中，哪一个正确？

A．Java 程序经编译后会产生机器码

B．Java 程序经编译后会产生字节码

C．Java 程序经编译后会产生 DLL

D．以上都不正确

答案：B。

试题 15． Java 中提供存取数据库能力的包是哪一个？

A．java.sql　　　　B．java.awt　　　　C．java.lang　　　　D．java.swing

答案：A。

试题 16． 下列运算符中合法的是哪一个？

A．&&　　　　　　B．<>　　　　　　C．if　　　　　　D．:=

答案：A。

试题 17． ArrayList 和 Vector 的区别分别是什么？

答案：ArrayList 与 Vector 有两方面的区别。

（1）Vector 是线程安全的，即同步的；而 ArrayList 是线程不安全的，即不同步的。

（2）当需要增长时，Vector 默认增长原来的一倍，而 ArrayList 增长 50%。

试题 18． `float f=3.4` 是否正确？

答案：不正确。精度不准确，应该用强制类型转换，即 `float f=(float)3.4`。

试题 19． 简述 Java 中的异常处理机制和事件机制。

答案：使用 new 操作创建对象后，JVM 自动为该对象分配内存并保持跟踪。JVM 能判断出对象是否还被引用，对不再被引用的对象释放其占用的内存。

试题 20． 抽象类与接口的区别是什么？

答案：抽象类与接口都用于抽象，但是抽象类（在 Java 中）可以提供某些方法的部分实现，而接口完全是一个标识（同时有多重继承的功能）。

试题 21．Error 与 Exception 有什么区别？

答案：Error 表示系统级的错误和程序不必处理的异常。Exception 表示需要捕捉或者需要程序处理的异常。

试题 22．谈谈 final、finally、finalize 的区别。

答案：final 是修饰符（关键字）。如果一个类被声明为 final 类型，意味着它不能再派生出新的子类，不能作为父类被继承。因此，一个类不能既声明为 abstract 类型，又声明为 final 类型。将变量或方法声明为 final 类型，可以保证它们在使用中不改变。声明为 final 类型的变量必须在声明时给定初值，而在以后的引用中只能读取它，不可修改它。声明为 final 类型的方法也同样只能使用，不能重载。

finally 在异常处理时提供 finally 块来执行任何清除操作。如果抛出一个异常，那么相匹配的 catch 子句就会执行，然后控制权就会进入 finally 块（如果有）。

finalize 是方法名。Java 允许使用 finalize()方法在垃圾回收器将对象从内存中清除之前做必要的清理工作。这个方法是由垃圾回收器在确定对象没有被引用时调用的。它是在 Object 类中定义的，因此所有的类都继承了它。子类重写 finalize()方法以整理系统资源或者执行其他清理工作。

试题 23．HashMap 和 HashTable 的异同是什么？

答案：相同点是它们都属于 Map 接口的类，实现了将唯一键映射到特定的值上。

不同点如下。

（1）HashMap 类没有分类或者排序，它允许一个 NULL 键和多个 NULL 值。HashTable 类似于 HashMap，但是不允许 NULL 键和 NULL 值。

（2）HashTable 是基于陈旧的 Dictionary 类的，HashMap 是 Java 1.2 引进的 Map 接口的一个实现。

（3）HashTable 是线程安全的，即同步的；而 HashMap 是线程不安全的，即不同步的。

（4）HashMap 可以将空值作为一个表的条目的 key 或 value，而 HashTable 不可以。

试题 24．抽象类（abstract class）和接口（interface）有什么区别？

答案：声明方法存在而不实现方法的类称为抽象类。抽象类用于创建一个体现某些基本行为的类，并为该类声明方法，但不能在该类中实现方法。不能创建抽象类的实例，但是可以创建一个变量，其类型是抽象类，并让它指向具体子类的一个实例。抽象类不能有抽象构造函数或抽象静态方法。抽象类的子类为它们的父类中的所有抽象方法提供实现，否则它们也是抽象类。在子类中实现抽象类的方法，知道其行为的其他类也可以在类中实现这些方法。

接口是抽象类的变体，多继承性可通过实现接口而获得。接口中的所有方法都是抽象的，都没有程序体。接口只可以定义 static final 成员变量。接口的实现与子类相似，除了该实现类不能从接口定义中继承行为。当类实现特殊接口时，它定义（将程序体给予）所有特殊接口的方法。然后，它可以在实现了该接口的类的任何对象上调用接口的方法。由于抽象类允许使用接口作为引用变量的类型，因此通常动态联编将生效。引用可以转换为接口类型或从接口类型转换，instanceof 运算符可以用来决定某对象的类是否实现了接口。

试题 25. 接口是否可继承接口？抽象类是否可以实现接口？抽象类是否可继承实体类（concrete class）？

答案： 接口可以继承接口。抽象类可以实现接口。抽象类可以继承实体类，但前提是实体类必须有明确的构造函数。

试题 26. 是否可以继承 String 类？

答案： String 类是 final 类，故不可以继承。

试题 27. List、Set、Map 是否继承自 Collection 接口？

答案： List 和 Set 可以，Map 不可以。

试题 28. 当一个对象被当作参数传递到一个方法后，若此方法可改变这个对象的属性，并可返回变化后的结果，那么这到底是值传递还是引用传递？

答案： 是值传递。Java 只有值传递参数。当一个对象作为一个参数被传递到方法中时，参数的值就是对该对象的引用。对象的内容可以在被调用的方法中改变，但对象的引用是永远不会改变的。

试题 29. 当一个线程进入对象的 synchronized 方法后，其他线程是否可进入此对象的其他方法？

答案： 不能，对象的 synchronized 方法只能由一个线程访问。

试题 30. 请简述垃圾回收机制的优点和原理，并列出 3 种垃圾回收机制。

答案： Java 中一个显著的特点就是引入了垃圾回收机制，使 C 程序员最头疼的内存管理问题迎刃而解，它使得 Java 程序员在编写程序的时候不再需要考虑内存管理。由于有了垃圾回收机制，Java 中的对象不再有"作用域"的概念，只有对象的引用才有"作用域"。垃圾回收机制可以有效地防止内存泄漏，有效地使用可用的内存。垃圾回收器通常作为一个单独的低级别的线程运行，在不可预知的情况下，对内存堆中已经死亡的或者长时间没有使用的对象进行清除和回收，程序员不能实时地调用垃圾回收器对某个对象或所有对象进行垃圾回收。垃圾回收机制有分代复制垃圾回收、标记垃圾回收和增量垃圾回收。

试题 31．请简述 Java 中异常处理机制的原理和应用。

答案：当 Java 程序违反了 Java 的语义规则时，VM 就会将发生的错误表示为一个异常。语义规则包括两种情况：一种是 Java 类库内置的语义检查，如数组下标越界；另一种是 Java 允许程序员扩展语义检查，程序员可以创建自己的异常，并自由选择在何时用 throw 关键字引发异常。所有的异常都是 java.lang.Throwable 的子类。

试题 32．请描述 JVM 加载类的原理。

答案：JVM 中类的加载是由 ClassLoader 和它的子类来实现的，Java ClassLoader 是一个重要的 Java 运行时系统组件，它负责在运行时查找和加载类文件的类。

试题 33．char 类型的变量中能不能存储一个汉字？为什么？

答案：char 类型的变量能存储一个汉字，因为 Java 以 Unicode 编码，一个 char 类型变量占 16 字节，所以存储一个汉字是没问题的。

试题 34．请简述 Servlet 的生命周期。

答案：首先，Web 容器加载 Servlet，生命周期开始。然后，通过调用 Servlet 的 init()方法进行 Servlet 的初始化。其次，通过运行 service()方法，根据请求的不同调用不同的 do×××()方法。最后，结束服务，Web 容器调用 Servlet 的 destroy()方法。

试题 35．Java 如何进行异常处理？关键字 throws、throw、try、catch、finally 分别代表什么意义？在 try 块中可以抛出异常吗？

答案：Java 通过面向对象的方法进行异常处理，把各种不同的异常进行分类，并提供了良好的接口。在 Java 中，每个异常都是一个对象，它是 Throwable 类或其他子类的实例。当一个方法出现异常后便抛出一个异常对象，该对象中包含异常信息，调用这个对象的方法可以捕获这个异常并进行处理。Java 的异常处理是通过 5 个关键词（try、catch、throw、 throws 和 finally）来实现的。一般情况下用 try 来运行一段程序，如果出现异常，系统会抛出一个异常，并可以通过它的类型来捕捉它，或最后由默认处理程序来处理。

try 用来指定一块预防所有异常的代码。在 try 代码后面，应包含一个 catch 子句来指定想要捕捉的异常的类型。

throw 语句用来明确地抛出一个异常。

throws 用来标明一个成员函数可能抛出的各种异常。

finally 用来确保不管发生什么异常都执行。

可以在一个成员函数调用的外面写一个 try 语句，在这个成员函数内部写另一个 try 语句以保护其他代码。每当遇到一个 try 语句，异常的框架就放到栈上面，直到所有的 try 语句都执行完。如果下一级的 try 语句没有对某种异常进行处理，栈就会展开，直到遇到有处理这种异常的 try 语句。

试题 36． Java 是根据什么语言改进并重新设计的？

答案： Pasacal。

2.6.3　C#与.NET 笔试题和面试题

试题 1． 如果在一个 B/S 结构的系统中需要传递变量值，但是又不能使用 Session、Cookie、Application，应该怎么处理？

答案： 使用 this.Server.Transfer。

试题 2． 请通过编程遍历页面上所有的 TextBox 控件，并指定其内容为空字符串。

答案：

```
foreach(System.Windows.Forms.Control control in this.Controls)
{
if(control is System.Windows.Forms.TextBox)
{
    System.Windows.Forms.TextBox tb=(System.Windows.Forms.TextBox)control;
    tb.Text=string.Empty;
}
}
```

试题 3． 在 C#的索引器的实现过程中，是否只能根据数字进行索引？

答案： 可以用任意类型数据进行索引。C#中的索引器通常用于索引数组，THIS 就是索引器。

索引器不仅能索引数字（数组下标），还能索引 HashMap 的字符串。所以，通常来说，C#中类的索引器通常只有一个，就是 THIS，但也可以有无数个，只要参数列表不同即可；索引器和返回值无关。

试题 4．为了用.NET 实现 B/S 结构的系统，使用几层结构来开发？每一层之间的关系是什么？为什么要这样分层？

答案：一般用 3 层，即数据访问层、业务层和表示层。数据访问层对数据库进行增、删、查、改操作；业务层一般分为两层，业务表观层实现与表示层的沟通，业务规则层实现用户密码的安全保护等；表示层负责与用户交互，如允许用户添加表单。分层的优点是分工明确，条理清晰，易于调试，而且具有可扩展性；缺点是成本高。

试题 5．CTS、CLS、CLR 分别表示什么？

答案：CTS 表示通用语言系统，CLS 表示通用语言规范，CLR 表示公共语言运行库。

试题 6．什么是装箱和拆箱？

答案：装箱是从值类型转换到引用类型，拆箱是从引用类型转换到值类型。

试题 7．什么是托管代码？

答案：由公共语言运行库运行的代码。

试题 8．什么是强类型系统？

答案：RTTI（运行时类型识别）系统。

试题 9．.NET 中读写数据库需要用到哪些类？它们的作用是什么？

答案：DataSet 类，用于存储数据器；DataCommand 类，用于运行语句；DataAdapter，用于填充 DataSet 类和更新数据库。

试题 10．请详述在.NET 中类（class）与结构体（struct）的异同。

答案：class 可以实例化，属于引用类型，是分配在内存的堆上的；struct 属于值类型，是分配在内存的栈上的。

试题 11．SQL Server 中，给定表 table1 中有 ID、LastUpdateDate 两个字段，ID 表示更新的事务号，LastUpdateDate 表示更新时的服务器时间，请使用一句 SQL 语句获得最后更新的事务号。

答案：代码如下。

```
Select ID FROM table1 Where LastUpdateDate = (Select MAX(LastUpdateDate) FROM table1);
```

试题 12．根据线程安全的相关知识，分析以下代码。当调用 test() 方法时，如果 $i>10$，是否会引起死锁？简要说明理由。

```
public void test(int i)
{    lock(this)
{   if(i>10)
    {  i--;test(i);
        }
    }
}
```

答案：不会发生死锁。int 类型参数是按值传递的，每次改变的都只是一个副本，因此不会出现死锁。如果把 int 类型参数换成一个对象，那么会发生死锁。

试题 13．switch 是否能作用在 byte、long 或 String 类型的参数上？

答案：switch(expr1) 中，expr1 是一个整数表达式，传递给 switch 和 case 语句的参数类型应该是 int、short、char 或者 byte。因此，switch 能作用在 byte 类型参数上，但不能作用在 long、String 类型参数上。

试题 14．两个对象值相同（x.equals(y) == true），却可以有不同的哈希码。这句话对不对？

答案：不对，它们必须有相同的哈希码。

试题 15．如何处理几十万条并发数据？

答案：用存储过程或事务，取得最大标识的同时进行更新。注意，主键不能自增，以这种方式处理大量并发数据时是不会有重复主键的。最大标识要由一个存储过程来获取。

试题 16．与 ASP 相比，ASP.NET 主要有哪些进步？

答案：ASP 属于解释型，属于 ASPX 编译型，ASP.NET 性能提高，有利于保护源码。

试题 17．向服务器发送请求有几种方式？

答案：有两种方式，即 GET 和 POST，GET 一般为链接方式，POST 一般为按钮方式。

试题 18．DataReader 与 DataSet 有什么区别？

答案：DataReader 是只能向前的只读游标，DataSet 是内存中的表。

试题 19．在 C#中 using 和 new 这两个关键字有什么意义？

答案：using 用于引入名称空间或者指定非托管资源，new 用于新建实例或者隐藏父类方法。

试题 20．什么是 SQL 注入？

答案：SQL 注入指利用 SQL 关键字对网站进行攻击、过滤关键字等。

试题 21．什么是反射？

答案：反射即动态获取程序集信息。

试题 22．什么是 Web Service 和 UDDI？

答案：Web Service 是基于网络的、分布式的模块化组件，它执行特定的任务，遵守具体的技术规范，这些规范使得 Web Service 能与其他兼容的组件进行互操作。

UDDI 的目的是为电子商务建立标准。UDDI 是一套基于 Web 的、分布式的、为 Web Service 提供的实现标准，同时包含一组使企业能注册自身提供的 Web Service 的实现标准，以使其他企业能够发现访问协议。

试题 23．什么是 ASP.NET 中的用户控件？

答案：用户控件一般用在内容多为静态或者很少会改变的情况下，类似于 ASP 中的 include，但是功能要强大得多。

试题 24．指出 XML 技术的作用及其应用。

答案：XML 技术用于配置和保存静态数据类型。XML 常见的应用是 Web Services 和 Config。

试题 25．ADO.NET 中常用的对象有哪些？分别进行描述。

答案：Connection，数据库连接对象；Command，数据库命令；DataReader，数据读取器；DataSet，数据集。

试题 26．C#中 property 与 attribute 的区别是什么？它们各有什么用处？

答案：property 是属性，用于存取类的字段；attribute 是特性，用于标识类、方法等的附加性质。

试题 27．XML 与 HTML 的主要区别是什么？

答案：（1）XML 区分字母大小写，HTML 不区分。

（2）在 HTML 中，如果上下文清楚地显示出段落或者列表在何处结束，那么可以省略</p>或者</li>之类的结束标记；在 XML 中，绝对不能省略结束标记。

（3）在 XML 中，拥有单个标记而没有匹配的结束标记的元素必须以一个 "/" 字符作为结尾，这样分析器就知道不用查找结束标记了。

（4）在 XML 中，属性值必须封装在引号中；在 HTML 中，引号可用可不用。

（5）在 HTML 中，可以定义不带值的属性名；在 XML 中，所有的属性都必须带有相应的值。

试题 28．委托声明的关键字是什么？

答案：delegate。

试题 29．用 sealed 修饰的类有什么特点？

答案：密封，不能继承。

试题 30．.NET 的错误处理机制采用什么结构？

答案：.NET 的错误处理机制采用 try…catch…finally 结构，发生错误时，层层上抛，直到找到匹配的 catch 块为止。

试题 31．在.NET（C#或者 VB.NET）中用户如何在窗体中处理自定义消息？

答案：在 form 中重载 DefWndProc()函数来处理自定义消息。

```
protected override void DefWndProc(ref System.WinForms.Message m )
{   switch(m.msg)
{
case WM_Lbutton :    ///string 与 MFC 中的 CString 的 Format()函数的使用方法有所不同
    string message=string.Format("收到消息!参数为:{0},{1}",m.wParam,m.lParam);
    MessageBox.Show(message);///显示一个消息框
    break;
case USER: ///处理的代码
    default:    base.DefWndProc(ref m);///调用基类函数处理非自定义消息
    break;
}
}
```

试题 32．在.NET（C#或者 VB.NET）中如何取消一个窗体的关闭？

答案：使用以下代码。

```
private void Form1_Closing(object sender,System.Component Model. CancelEvent Args e)
{  e.Cancel=true;  }
```

试题 33．简单描述 ASP.NET 服务器控件的生命周期。

答案：初始化→加载视图状态→处理回发数据→加载→发送回发更改通知→处理回发事件→预呈现→保存状态→呈现→处置→卸载。

试题 34．匿名内部类（anonymous inner class）是否可以继承其他类，是否可以实现接口？

答案：不能继承其他类，可以实现接口。

2.7　智力测试题

面试过程中，会遇到一些智力测试题。这些智力测试题看似与学科、工作无关，但这些智力测试题不仅可以反映一个人的智力，还可以反映应聘者对算法的灵活运用程度。

个人认为，可以在面试前一个星期看看这些题，做一做，热热身。

常见智力测试题

试题 1．请把一盒蛋糕切成 8 份，分给 8 个人，但蛋糕盒里还必须留有 1 份。

答案：其中 1 份连蛋糕盒一起给。

试题 2．小明一家过一座桥，过桥时是黑夜，所以必须要有灯。现在小明过桥要 1s，小明弟弟要 3s，小明爸爸要 6s，小明妈妈要 8s，小明爷爷要 12s。每次此桥最多可过两人，过桥的速度由最慢者而定，而且灯在点燃后 30s 就会灭。如何过桥？

答案：方法如下。

第 1 趟，小明和弟弟过桥，花费 3s。

第 1 趟，小明送灯回来，花费 1s。

第 3 趟，妈妈和爷爷过桥，花费 12s。

第 4 趟，弟弟送灯回来，花费 3s。

第 5 趟，小明和爸爸过桥，花费 6s。

第 6 趟，小明送灯回来，花费 1s。

第 7 趟，小明和弟弟过桥，花费 3s。

整个过程花费 29s，符合题目要求。

试题 3． 一群人开舞会，每人头上都戴着一顶帽子。帽子只有黑白两种，黑的至少有一顶。每个人都能看到其他人帽子的颜色，却看不到自己的。主持人先让大家看别人头上戴的是什么帽子，然后关灯，如果有人认为自己戴的是黑帽子，就拍一下手。第 1 次关灯，没有声音。于是再开灯，大家再看一遍，关灯后仍然鸦雀无声。一直到第 3 次关灯，才有拍手的声音响起。有多少人戴着黑帽子？

分析： 若只有 1 个人戴黑帽子，那么戴黑帽子的人看到其他人戴着白帽子，肯定会拍手。但是第 1 次关灯没有声音，说明不止 1 个人。若有两人戴着黑帽子，第 1 次关灯后没有声音，那么戴黑帽子的人就应该意识到这点，第 2 次关灯将有 2 个人拍手。但是第 2 次关灯后又没有声音，依次类推，第 3 次关灯有声音，说明有 3 个人戴着黑帽子。

答案： 3 个人。

试题 4． 烧一根不均匀的绳要用一小时，如何用它来判断半小时？

答案： 两端一起烧。

试题 5． 为什么下水道的井盖是圆的？

答案： 因为下水道井口是圆的。

试题 6． 如何分析某国有多少辆小汽车？

分析： 该题结果不重要，重要的是分析过程，具体数字可以假设。

答案： 假如某国人口是 2.7 亿，平均每个家庭的规模是 2.5 人，共约有 1.1 亿个家庭。假如每个家庭拥有 1.8 辆小汽车，那么该国大约会有 1.98 亿辆小汽车。

试题 7． 有 7g、2g 砝码各 1 个，天平 1 架，如何只用这些物品分 4 次将 140g 的盐分成 50g、90g 各一份？

答案： 用天平将 140g 盐分成两等份，各 70g。

从 70g 盐中分别取出 9g、9g、2g，共 20g，放到另一份 70g 盐中。

试题 8． 有一辆火车以 15km/h 的速度从洛杉矶直奔纽约，另一辆火车以 20km/h 的速度从纽约开往洛杉矶。如果有一只鸟，以 30km/h 的速度和两辆火车同时启动，从洛杉矶出发，遇到另一辆火车后返回，依次在两辆火车间来回飞行，直到两辆火车相遇。这只鸟飞行了多长距离？

答案： 假设洛杉矶到纽约的距离为 s，那小鸟飞行的距离就是 $30[s/(15+20)]$。

试题 9. 你有 4 个装着药丸的罐子，每粒药丸都有一定的重量，被污染的罐子里的药丸比没有被污染的重 1。只称量一次，如何判断哪个罐子的药被污染了？

答案： 从第 1 罐拿 1 粒药丸，从第 2 罐拿 2 粒药丸，从第 3 罐拿 3 粒药丸，称一下重量。若重量多了 1g，被污染的罐子就是第 1 罐。若重量多了 2g，被污染的罐子就是第 2 罐。若重量多了 3g，被污染的罐子就是第 3 罐。若没增加重量，就是第 4 罐污染了。

试题 10. 如果你有无穷多的水，用一个 3L 和一个 5L 的桶，你如何准确称出 4L 的水？

答案： 步骤如下。

（1）先把一个 5L 的桶灌满水，然后从这 5L 水中倒出部分，把 3L 的桶装满，剩下 2L 水。

（2）将 3L 的桶清空，将 2L 的水倒入 3L 的桶中。

（3）将 5L 的桶灌满水，并将一部分水倒入刚才装着 2L 水的 3L 桶中，剩下 4L 水。

试题 11. 你有一桶果冻，其中有黄色、绿色、红色 3 种果冻，闭上眼睛抓取多少个就可以确定你肯定有两个同一颜色的果冻？

答案： 4 个。

试题 12. 将汽车钥匙插入车门，向哪个方向旋转就可以打开车锁？

答案： 正确的方向。

试题 13. 对一批编号为 1~100 的全部开关朝上开的灯进行以下操作：对于编号是 1 的倍数的灯，就向反方向拨一次开关；对于编号是 2 的倍数的灯，就向反方向又拨一次开关；对于编号是 3 的倍数的灯，就向反方向又拨一次开关。请给出最后处于关状态的灯的编号。

答案： 编号凡是 6 的倍数的灯处于关状态。

试题 14. 一个屋子有一个门和 3 盏灯。屋外有 3 个开关，分别与这 3 盏灯相连。你可以随意操纵这些开关，可一旦你将门打开，就不能切换开关了。如何确定每个开关具体管哪盏灯。

答案：第 1 步，随机打开一盏灯，开 5min 后关掉。第 2 步，打开另一盏灯后，打开门。于是，3 盏灯里发热的灯的对应开关是第 1 次使用的开关，亮着的灯的对应开关是第 2 次使用的开关。

试题 15．假设有 8 个球，其中一个略微重一些，但是找出这个球的唯一方法是将两个球放在天平上并对比。最少要称多少次才能找到这个比较重的球？

答案：先取出 6 个球，平均分成两组，并放在天平两边。若相同，说明重的球在剩下的 2 个球里面，再称 1 次即可。若不相同，从重的那 3 个球中取出来两个球，再称 1 次。若相同，剩下的那个球是重的；若不同，此次称出的重的球即需要找到的球。所以，至少称两次才能找到较重的球。

试题 16．烧一根不均匀的绳，从头烧到尾总共需要 1h。现在有若干条材质相同的绳子，问如何用烧绳的方法来计时 75min 呢？

分析：烧一根这样的绳，从头烧到尾需要 1h。由此可知，头、尾同时烧共需 0.5h。同时烧两根这样的绳，一根烧一头，一根烧两头；当烧两头的绳燃尽时，共要 0.5h，烧一头的绳继续烧还需 0.5h；如果此时将烧一头的绳的另一头也点燃，那么只需 15min。

答案：同时燃两根这样的绳，一根烧一头，一根烧两头；等一根燃尽，将另一根掐灭备用，标记其为绳 2。再找一根这样的绳，标记其为绳 1。一头燃绳 1 需要 1h，再两头燃绳 2 需 15min，用此法可计时 75min。

试题 17．假设排列着 100 个乒乓球，由两个人轮流拿球装入口袋，能拿到第 100 个乒乓球的人为胜利者。条件：每次拿球者至少要拿 1 个，但最多不能超过 5 个。如果你是最先拿球的人，你该拿几个？以后如何拿能保证你能得到第 100 个乒乓球？

分析：（1）我们不妨逆向推理，如果只剩 6 个乒乓球，让对方先拿球，你一定能拿到第 6 个乒乓球。理由是：如果他拿 1 个，你拿 5 个；如果他拿 2 个，你拿 4 个；如果他拿 3 个，你拿 3 个；如果他拿 4 个，你拿 2 个；如果他拿 5 个，你拿 1 个。

（2）我们把 100 个乒乓球从后向前按组分开，6 个乒乓球一组。100 不能被 6 整除，这样就分成 17 组：第 1 组 4 个，后 16 组每组 6 个。

（3）这样先把第 1 组 4 个拿完，后 16 组每组都让对方先拿球，自己拿完剩下的。这样你就能拿到第 16 组的最后一个，即第 100 个乒乓球。

答案：先拿 4 个，对方拿 $n(1 \leq n \leq 5)$ 个，你拿 $6-n$，依此类推，保证你能得到第 100 个乒乓球。

试题 18. 1元钱1瓶汽水，喝完后2个空瓶换1瓶汽水。问你有20元，最多可以喝到几瓶汽水？

分析：一开始可以喝20瓶，随后可以喝10瓶和5瓶。接着把5瓶分成4瓶和1瓶，前4个空瓶再换2瓶，喝完后2瓶再换1瓶，此时喝完后手头上剩余的空瓶数为2个，把这2个瓶换1瓶继续喝，喝完后把这1个空瓶换1瓶汽水，喝完换来的那瓶再把瓶子归还即可，所以最多可以喝的汽水数为：20+10+5+2+1+1+1=40。

答案：40瓶。

试题 19. 有两位盲人，他们都各自买了2对黑袜和2对白袜，8对袜子的布质、大小完全相同，而每对袜子都有一张商标纸连着。两位盲人不小心将8对袜子混在一起。他们每人怎样才能取回黑袜和白袜各2对呢？

分析：把8对袜子商标纸撕开，将袜子一人一半平分，袜子不分左右。然后怎么分呢？将8对袜子淋湿，在太阳下晒，先干的是黑袜，后干的是白袜。再平分黑袜和白袜。

答案：同上。

试题 20. 在一天的24h之中，时钟的时针、分针和秒针完全重合在一起的时候有几次？都分别是什么时间？你怎样算出来的？

答案：很明显，1:05之后有一次，2:10之后有一次，3:15之后有一次，4:20之后有一次，5:25之后有一次，6:30之后有一次，7:35之后有一次，8:40之后有一次，9:45之后有一次，10:50之后有一次，12:00整有一次。24小时之中总共22次。

而且，相邻两次重合之间所需时间相同，即12/11小时，准确地说，分别是0点、12/11点、24/11点、36/11点、48/11点、60/11点、72/11点、84/11点、96/11点、108/11点、120/11点、12点、144/11点、156/11点、168/11点、180/11点、192/11点、204/11点、216/11点、228/11点、240/11点、252/11点。

有趣的是这11个时间点位置，正好可以形成圆内接正11边形，其中一个顶点在12点处。

试题 21. 某地有两个奇怪的村庄，张庄的人在周一、三、五说谎，李村的人在周二、四、六说谎。在其他日子他们说实话。一天，外地的王来到这里，见到两个人，分别向他们提出关于日期的题。两个人都说："前天是我说谎的日子。"如果被问的两个人分别来自张庄和李村，那么这一天是周几？

分析：说谎情况如表2.3所示。

表 2.3　　　　　　　　　　说谎情况

村庄	周一	周二	周三	周四	周五	周六	周日
张庄	假	真	假	真	假	真	真
李村	真	假	真	假	真	假	真

从表 2.3 中应该不难看出，张庄的人只有在周日、周一可那样说，李庄的人只有在周一、周二可那样说，因此这一天是周一。

答案：周一。

试题 22．有 3 筐水果，第 1 筐装的全是苹果，第 2 筐装的全是橘子，第 3 筐是橘子与苹果混在一起的。筐上的标签都是错误的，如果标签写的是橘子，那么可以肯定筐里不会只有橘子，可能还有苹果。你的任务是从其中一筐中只拿一只水果，然后正确写出 3 筐水果的标签。

答案：从标着"混合"标签的筐里拿一只水果，就可以知道另外两筐装的是什么水果了。如果拿出的是苹果，标着"橘子"标签装的是混合水果，标着"苹果"标签装的是橘子。如果拿出的是橘子，标着"苹果"标签装的是混合水果，标着"橘子"标签装的是苹果。

试题 23．两个圆环，半径分别是 1 和 2，小圆在大圆内部绕大圆一周，问小圆自身转了几周？如果在大圆的外部，小圆自身转几周呢？

分析：可以这样想，把大圆剪断拉直。小圆绕大圆一周，就变成从直线的一头滚至另一头。因为直线长度就是大圆的周长，它是小圆周长的 2 倍，所以小圆要滚动 2 圈。

但是现在小圆不是沿直线而是沿大圆滚动，小圆因此还同时自转，当小圆沿大圆滚动 1 周回到原出发点时，小圆同时自转 1 周。当小圆在大圆内部滚动时，自转的方向与滚动的转向相反，小圆自身转 1 周；当小圆在大圆外部滚动时，自转的方向与滚动的转向相同，小圆自身转 3 周。

答案：内部，1 周；外部，3 周。

试题 24．10 个人站成一列纵队，从 10 顶黄帽子和 9 顶蓝帽子中取出 10 顶分别给每个人戴上。每个人都看不见自己戴的帽子的颜色，只能看见站在前面的人的帽子颜色。

站在最后的第 10 个人说："我虽然看见了你们每个人头上的帽子，但仍然不知道自己头上帽子的颜色。你们呢？"

第 9 个人说："我也不知道。"

第 8 个人说："我也不知道。"

第 7 个、第 6 个……直到第 2 个人，依次都说不知道自己头上帽子的颜色。出乎意料的是，第 1 个人却说："我知道自己头上帽子的颜色了。"

请问：第 1 个人头上戴的是什么颜色的帽子？他为什么知道呢？

分析：对于第 10 个人来说，他能看到 9 顶帽子，如果 9 顶帽子都是蓝帽子，他肯定知道自己戴的是黄帽子，而他不知道，说明前面 9 顶帽子至少有一顶帽子是黄帽子，即他至少看到一顶黄帽子。

第 9 个人也知道第 10 个人的想法，如果他没看到黄帽子，肯定知道自己戴的是黄帽子，而他也不知道，说明前面 8 顶帽子至少有一顶帽子是黄帽子，即他也至少看到一顶黄帽子。

同理可知，第 8 个、第 7 个……直到第 2 个人，都至少看到一顶黄帽子。因此，第 1 个人头上戴的是黄帽子。

第 1 个人通过以上推理，可知自己戴的是黄帽子。

答案：黄帽子，推理同上。

试题 25. 有 3 个孩子把兜中的钱全部掏出来，一共 320 美元，其中有两张 100 美元、两张 50 美元、两张 10 美元。据了解，每个孩子所带的纸币没有一个是相同的。而且，没带 100 美元纸币的孩子也没带 10 美元的纸币，没带 50 美元纸币的孩子也没带 100 美元的纸币。

你能不能弄清楚 3 个孩子原来各自带了多少美元和什么样的纸币？

分析：如果没带 100 美元也没带 10 美元的孩子，和没带 50 美元也没带 100 美元的孩子是两个孩子，那么这两个孩子分别带 50 美元、10 美元，则另一个孩子带两张 100 美元。这与题设矛盾，因此带 100 美元也没带 10 美元的孩子和没带 50 美元也没带 100 美元的孩子是同一个孩子，即这个孩子根本没带钱。

综上可知，有两个孩子带的是 100 美元、50 美元和 10 美元的，共 3 张；另一个孩子根本没带钱。

答案：有两个孩子带的是 100 美元、50 美元和 10 美元，共 3 张；另一个孩子根本没带钱。

试题 26. 小明对哥哥说："我长到你现在这么大的年龄时，你就 31 岁了。"

哥哥说："是啊，我像你这么大年龄时，你只有 1 岁呢。"

问：小明与他的哥哥现在各几岁？

分析：设哥哥的年龄为 G，小明的年龄为 D，则 $G+(G-D)=31$，$D-(G-D)=1$，解方

程得：$G=21$，$D=11$。

答案：小明 11 岁，哥哥 21 岁。

试题 27． 一个教逻辑学的教授有 3 个学生，而且 3 个学生都非常聪明！一天，教授给他们出了一道题，教授在每个人脑门上贴了一张纸条并告诉他们，每个人的纸条上都写了一个正整数，且某两个数的和等于第 3 个（每个人可以看见另外两个数，但看不见自己的）。

教授问第 1 个学生："你能猜出自己的数吗？"该学生回答："不能。"

问第 2 个学生，该学生回答："不能。"

问第 3 个学生，该学生回答："不能。"

再问第 1 个学生，该学生回答："不能。"

问第 2 个学生，该学生回答："不能。"

问第 3 个学生，该学生回答："我猜出来了，144！"

教授很满意地笑了。你能猜出另外两个人的数吗？请说出理由。

分析：因为某两个正整数的和等于第 3 个，所以 3 个学生都知道自己的数字是另外两个正整数的和或差，非此即彼。不妨设第 1 个学生的数字为 X，第 2 个学生的数字为 Y。

假设 $X=Y=72$，学生 3 第一轮即可说出答案。因为学生 3 会想：72 与 72 的差为 0 不是正整数，所以自己的数字一定是 144。

假设 $X=48$ 且 $Y=96$，学生 3 第一轮即可说出答案。因为学生 3 会想：48 与 96 的差为 48，和为 144；如果自己的数字是 48，我和学生 1 的数都为 48，学生 2 第一轮即可说出答案，所以自己的数字一定是 144。

假设 $X=36$，$Y=108$，学生 3 第一轮即可说出答案。因为学生 3 会想：36 与 108 的差为 72，和为 144；如果自己的数是 72，学生 2 在已知 36 和 72 的条件下会这样推理，"我的数应该是 36 或 108，但如果是 36，学生 3 应该可以立刻说出自己的数，而学生 3 并没说，所以应该是 108！"然而，在下一轮，学生 2 还是不知道，所以自己的数只能是 144！

因此，$X=36$，$Y=108$ 成立。

由此可知，$X=108$，$Y=36$ 也成立。

答案：36、108，推理如上。

试题 28． 相同大小的两个容器中装有相同体积的糖和盐。从糖杯中舀一勺糖到盐杯中，搅拌均匀后再舀一勺放回糖杯，问是盐杯中的糖多还是糖杯中的盐多？如果不搅拌均匀呢？

答案：一样多；还是一样多。

试题 29．有 N 瓶白色粉末，其中 $N-1$ 瓶是盐；1 瓶不是，它和盐的唯一区别是放到水碗中 1 小时后水会变成蓝色。问最少需要多少个水碗，才能在 1 小时内鉴别出这瓶假盐。

答案：$\log_2 N$。

首先，粉末编号为 $1\sim N$，水编号为 $1\sim M$。

然后，把粉末编号转化成二进制，如果第 i 位上为 1，那么就将其放入第 i 碗水。

接下来，看都有哪些水变蓝。根据序号得到二进制串。

最后，将其转换为十进制数，得出的数就是那瓶特殊物质的编号。

试题 30．某天你来上班，发现自己的计算机突然不能上网了，请排查原因。

答案：（1）先看下同事的是不是也不能上网。

（2）如果同事的能上网，就检查该计算机网络是否连接。

（3）找 IT 人员排查。

第 3 章　临阵磨枪，不快也光

对于大多数应届毕业生来说，学校并没有"软件测试"这门课程。于是，没有实习经验的人可能会因为回答不上测试题目而失去就业机会。本章为入门者精心准备了足以应付初级软件测试岗位的相关知识。读者只需熟记要点，在这一关上便能多几分把握。

3.1　基本概念

- 静态、动态测试方法
- 黑盒、白盒测试概念
- 软件测试过程
- 测试用例的组成

3.1.1　静态、动态测试方法

静态测试方法的主要特征是在用计算机测试源程序时，计算机并不真正运行被测试的程序。这说明静态测试方法一方面要利用计算机作为对被测程序进行特性分析的工具，它与手动测试有着根本的区别；另一方面，计算机并不真正运行被测程序，只进行特性分析，这是和动态测试方法不同的。因此，静态测试方法常称为"静态分析"，静态分析是对被测程序进行特性分析的一些方法的总称。

静态分析并不等同于编译系统，编译系统虽然能发现某些程序错误，但这些错误远非软件中存在的大部分错误，静态分析的查错和分析功能是编译程序所不能代替的。

静态分析有很多工具，不同工具的功能不同，有的可以做注入 SQL 的检查，有的则不能。下面列出一些工具，读者可以了解一下。

- Ounec 5.0：扫描的语言有 VB、C、C++、C#、Java，属于付费工具。
- Coverity Prevent：扫描的语言有 C、C++、C#、Java，属于付费工具。

- Stake SmartRiskAnalyzer：扫描的语言有 C、C++、Java，属于付费工具。
- Rational Purify：扫描的语言有 C、C++、Java，属于付费工具。
- Jtext：扫描的语言有 Java，属于付费工具。
- Flawfinder：扫描的语言有 C、C++，属于付费工具。
- Static Code Analyzer：扫描的语言有 C、C++、C#、Java，属于付费工具。
- PolySpace Client：扫描的语言有 C、C++、Ada，属于付费工具。
- RATS：扫描的语言有 C、C++、Python、Perl、PHP，属于开源工具。
- Fluid：扫描的语言有 Java，属于开源工具。

动态测试方法的主要特征是计算机必须真正运行被测试的程序，通过输入测试用例对其运行情况（输入/输出的对应关系）进行分析。日常手动测试就属于动态测试。

3.1.2　黑盒、白盒测试概念

测试规划基于产品的功能，目的是检查程序各功能是否实现，并检查其中的错误。这种测试方法称为黑盒测试（Black-box Testing）。

测试规划基于产品的内部结构，检查内部操作是否按规定执行、软件各部分功能是否得到充分使用。这种测试方法称为白盒测试（White-box Testing）。

黑盒测试又称功能测试、数据驱动测试或基于规格说明的测试，是一种从用户观点出发的测试。用这种方法进行测试时，把被测程序当作一个黑盒，在不考虑程序内部结构和内部特性、测试者只知道该程序输入和输出之间的关系或程序功能的情况下，依靠能够反映这一关系和程序功能需求规格的说明书，来确定测试用例和推断测试结果的正确性。软件的黑盒测试一般用来确认软件功能的正确性和可操作性。

白盒测试又称结构测试、逻辑驱动测试或基于程序的测试。它依赖于对程序细节的严密检验，针对特定条件和循环集设计测试用例，对软件的逻辑路径进行测试。在程序的不同点检验程序的状态，判定真实情况是否和预期的状态相一致。软件的白盒测试一般用来分析程序的内部结构。

黑盒测试和白盒测试是从完全不同的起点出发的，并且这两个出发点在某种程度上是完全对立的，反映了测试思路的两个极端情况。这两类方法在长期的软件测试实践中已经被证明是有效和实用的。

一般来说，在进行单元测试时通常采用白盒测试，而在确认测试或系统测试中通常采用黑盒测试。

常见的测试覆盖如下。

- 语句覆盖：它要求被测程序的每一个运行语句在测试中尽可能都被检验过，这是最弱的逻辑覆盖准则。

- 分支覆盖或判断覆盖：要求程序中所有判定的分支尽可能得到检验。
- 条件覆盖：当判定式中有多个条件时，要求每个条件的取值均得到检验。
- 判断/条件覆盖：同时考虑条件的组合值及判定结果的检验。
- 路径覆盖：只考虑对程序路径的全面检验。

为取得被测程序的覆盖情况，最常用的办法是在测试前对被测程序进行预处理。预处理的主要工作是在其重要的控制点插入"探测器"——程序插装。

无论采用哪种测试覆盖，即使其覆盖率达到 100%，也不能保证把所有隐藏的程序欠缺都揭露出来。

3.1.3　软件测试过程

软件测试过程按测试的先后次序可分为 5 个步骤——单元测试、集成测试、确认测试、系统测试和验收测试。

- 单元测试：分别完成每个单元的测试任务，以确保每个模块能正常工作。单元测试大量地采用了白盒测试，尽可能地发现模块内部的程序错误。
- 集成测试：把已测试过的模块组装起来，进行集成测试。为了检验与软件设计相关的程序结构问题，多采用黑盒测试来设计测试用例。
- 确认测试：完成集成测试以后，要对开发工作初期制定的确认准则进行检验。为了检验所开发的软件能否满足所有功能和性能需求，在确认测试中通常采用黑盒测试。
- 系统测试：完成确认测试以后，给出的应该是合格的软件产品，但为检验它能否与系统的其他部分（如硬件、数据库及操作人员）协调工作，需要进行系统测试。严格地说，系统测试已超出了软件工程的范围。
- 验收测试：检验软件产品质量的最后一道工序是验收测试。验收测试与前面讨论的各种测试活动的不同之处主要在于它突出了客户的作用。除测试人员之外，软件开发人员也会参与验收测试。

3.1.4　测试用例的组成

凡是有测试经验的人都知道测试用例的组成，这也是面试者经常被问到的一道题，它用于试探面试者是否真的做过测试。

测试用例包括用例编号、用例类型、前置条件、操作步骤、预期结果、实际结果等。

3.2 测试用例设计技巧与实例

本节从简单到复杂描述测试用例的设计技巧并给出实例，为初级测试者提供入门级指导。

3.2.1 Web 类

- 页面上各类元素的测试用例设计
- 页面测试用例设计
- Web 系统测试

本节从简单到复杂，以 Web 页面上的常用元素为例介绍测试用例的设计。常用的页面元素有 TextBox 和 Combox/Select。

1. TextBox

例 3.1 和例 3.2 分别举例说明两种 TestBox 的测试用例设计方案。

【例 3.1】某个 TextBox 不能为空，可以填写任意字符，长度不超过 20，请按类别设计测试用例。

答案：针对长度边界值，设计测试套件 1。

- 若填写的字符为空，测试套件 1 报错。
- 若填写的字符的长度为 1，测试套件 1 正常运行。
- 若填写的字符的长度为 20，测试套件 1 正常运行。
- 若填写的字符的长度为 21，测试套件 1 报错。

针对正常类别，设计测试套件 2。

- 若输入数字，测试套件 2 正常运行。
- 若输入符号，测试套件 2 正常运行。
- 若输入字符串，测试套件 2 正常运行。
- 若输入汉字，测试套件 2 正常运行。

针对安全性，设计测试套件 3。

对于 XSS 攻击，测试套件 3 正常运行。

【例 3.2】某个 TextBox 中的内容表示金额，小数点后最多有两位，长度不超过 10，请设计测试用例。

针对正常类别，设计测试套件 1。

- 若输入 0，测试套件 1 正常运行。
- 若输入 1，测试套件 1 正常运行。
- 若输入 1.1，测试套件 1 正常运行。
- 若输入 0.23，测试套件 1 正常运行。

针对异常，设计测试套件 2。

- 若输入字符串，测试套件 2 报错。
- 若输入空内容，测试套件 2 报错。
- 若输入 1.234，测试套件 2 报错。
- 若输入 12345678901，测试套件 2 报错。

2.　Combox/Select

例 3.3 举例说明 Select 控件的测试用例设计方案。

【例 3.3】 有一个下拉文本框，选项有"空"以及 A、B、C，默认值为空，不可写，请设计测试用例。

答案：

针对正常类别，设计测试套件 1。

- 若选择"空"，测试套件 1 正常运行。
- 若选择 A，测试套件 1 正常运行。
- 若选择 B，测试套件 1 正常运行。
- 若选择 C，测试套件 1 正常运行。

针对默认值检查，设计测试套件 2。

- 若默认值为空，测试套件 2 正常运行。
- 若默认值不可写，测试套件 2 正常运行。

Web 页面是由很多控件组合而成的，它的测试设计包含对控件的测试用例设计，它相对于控件更复杂。常有的 Web 页面类型有两种——展示型和提交型。例 3.4 用于说明展示型页面的测试用例设计方案，例 3.5 用于说明提交型页面的测试用例设计方案。

【例 3.4】 有一个 Web 页面（含 table 数据），用来展示数据库中的名字和金额。请设计测试用例。

针对页面元素检查，设计测试套件 1。

- 若采用 table 格式，测试套件 1 正常运行。
- 若采用其他页面样式，测试套件 1 正常运行。

针对页面数据检查，设计测试套件 2。

- 若名字为空，数据库中的名字能正常展示。

- 若名字含汉字，数据库中的名字能正常展示。
- 若名字长度达到最大长度，数据库中的名字能正常展示。
- 若金额为0，数据库中的金额能正常展示。
- 若金额带两位小数，数据库中的金额能正常展示。
- 若金额长度最长，table不变形。

【例3.5】一个提交型页面上面有Textbox和Select等，以及提交按钮，请设计测试用例。

针对页面元素检查，设计测试套件1。

- 若元素完整，测试套件1正常运行。
- 若元素的样式符合要求，测试套件1正常运行。

针对每个元素，设计测试套件2。

针对页面跳转，设计测试套件3。

- 若提交符合要求的内容，测试套件3正常运行。
- 若提交不符合要求的内容，测试套件3报错。

针对外部异常，设计测试套件4。

若服务器连接不上等，测试套件4报错。

Web系统由很多页面和后台服务器组成，通常与外部系统都有交互，下面举一个简单的例子。

【例3.6】某个Web系统不仅与数据库连接，还与外部系统M有交互（M的传入值有A、B、C等3类），请设计测试用例。

针对Web系统内部页面，设计测试套件1。

针对数据库异常，设计测试套件2。

针对外部系统M，设计测试套件3。

- 若传入A，测试套件3正常运行。
- 若传入B，测试套件3正常运行。
- 若传入C，测试套件3正常运行。

3.2.2 移动App类

移动App的测试需求逐渐增多，而它的测试用例设计与PC上的Web系统、软件不太一样。在设计App类测试用例时，下面的测试用例模板可供参考。

1. 针对App内部功能的测试用例

（1）设计单个界面的测试用例。

① 针对各个控件的边界值，设计测试用例。

② 针对各个控件的正常值，设计测试用例。

③ 针对各个控件的异常值，设计测试用例。

④ 针对安全性检查设计测试用例。

（2）针对界面之间跳转逻辑，设计测试用例。

（3）针对启动、退出、更新，设计测试用例。

2. 针对 App 硬件环境的测试用例

（1）针对访问权限、传感器，设计测试用例。

（2）针对不同的机型，设计测试用例。

3. 针对 App 软件环境的测试用例

（1）针对不同 App 之间的频繁切换，设计测试用例。

（2）针对不同的网络环境，设计测试用例。

4. 针对性能的测试用例

（1）针对耗电量，设计测试用例。

（2）针对网络流量，设计测试用例。

3.2.3　游戏类

游戏开发公司通过各种调查、评估，确定自己要开发游戏的范围或者项目等，然后对市面上的此类游戏进行测试。测试人员玩和开发项目相同类型的游戏。全面的测试报告包括可玩性、功能方面、画面、性能、所需配置、社群体系等内容。

游戏测试用例相对于软件测试用例来说会庞大很多，游戏本身就是一个比普通软件的功能更丰富的软件。可以按照以下思路设计测试用例。

1. 基本功能

针对游戏基本功能，测试用例的设计思路如图 3.1 所示。

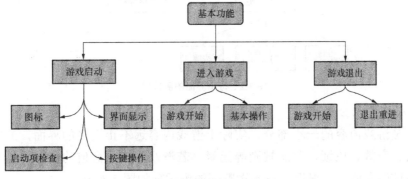

图 3.1　测试用例的设计思路

每个测试项有相应的测试点，如对于游戏启动时的测试项，测试点根据图标、界面显示、启动项检查、按键操作细化，如表 3.1 所示。

表 3.1　　　　　　　　　　　　　游戏启动时的测试项

测试项	测试内容
图标	图标的大小符合设计需求
	图案与需求说明书的原型一致
界面显示	在不同的分辨率下显示全屏
	启动成功后，光标模型显示正确
启动项检查	启动时间不超过需求中规定的约束值
	启动成功后，游戏的进程名没有错误
按键操作	启动过程中通过功能键强制中断

其他测试点的细则不一一列举，可根据游戏的实际情况进行细化。

2. 界面

基本功能虽然能保证游戏的操作流程正常，但对于游戏内容的正确性是无法保证的，界面也是玩家在体验过程中会关注的内容。因此，对于游戏内容的检查，首先应该从各个界面下手，针对每个界面的跳转进行测试，保证除基本流程之外的分支流程能够正确。每个界面的测试项如图 3.2 所示。

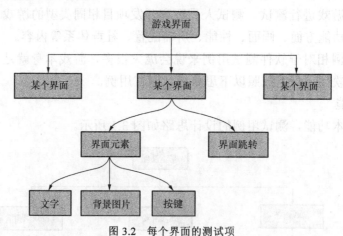

图 3.2　每个界面的测试项

3. 游戏元素细分方式

界面只是游戏内容的一小部分，实际上游戏内容远不止繁多的界面，通常还有角色人物、道具、音效、成绩、奖惩规则等元素。若游戏没有生命值的需求，则奖惩规则不在测试用例设计中体现。根据游戏元素整理的测试项如图 3.3 所示。

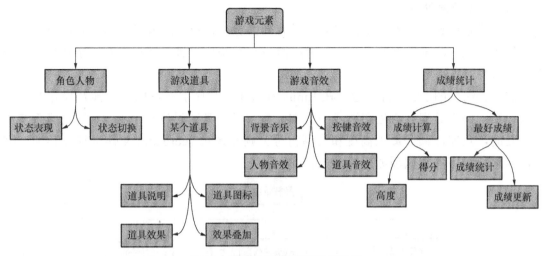

图 3.3　根据游戏元素整理的测试项

4. 资源占用情况

游戏的资源占用也属于功能测试的重要内容，测试结果需要在测试报告中记录。通常测试报告中应记录游戏的 CPU 占用率及内存消耗情况。需要注意的是，这两项数值都是实时变化的，因此需要对记录的数据进行筛选，选择记录重要的初始值和峰值。针对资源占用情况，测试项如图 3.4 所示。

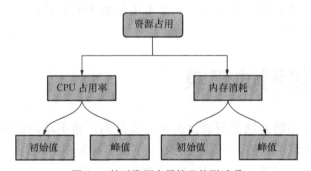

图 3.4　针对资源占用情况的测试项

如何才能得到这两类数据的峰值？这需要设计合理的测试场景。

（1）理论上，若游戏线程越多，读写数据操作越频繁，则 CPU 占用率越高，因此 CPU 占用率的峰值测试场景为玩家操作频繁的界面。

（2）内存消耗则是根据游戏在运行时加载的资源多少来决定的，因此理论上玩家玩的时间越长，加载的界面、元素越多，消耗的内存就越多，因此针对峰值的测试场景下需要尽量遍历所有界面，接触所有道具，测试时间一般需要在 4 小时以上。

5. 异常场景设计

异常场景设计是对测试用例覆盖率最有效的补充，往往最容易暴露问题的就是异常的操作或环境。测试用例的设计需要考虑游戏与系统如何进行数据交互、游戏如何选用框架及哪些数据需要传递。

例如，测试的 Flash 游戏运行在 Linux 环境下，与底层系统的交互涉及操作数据和玩家成绩。操作数据（角色在游戏中的左、右移动）是通过管道（pipe）与底层系统进行交互的，玩家成绩（最大高度和最高得分）则是通过 score.xml 文件进行保存的。因此，异常场景下的测试项如图 3.5 所示。

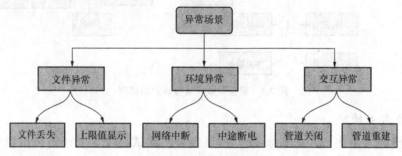

图 3.5 异常场景下的测试项

综上所述，Web、移动 App、游戏测试都是通过平时积累的大量经验逐步形成知识体系的。本节给出的模板提供了一个测试用例设计思路，有助于初学者少走弯路。当然，在实际工作中，读者还需要细化思路，除了上述模板中的测试用例，还需要补充大量与实际项目相关的测试用例。

3.3 自动化测试工具

自动化测试通常指的是功能测试自动化，就是为了将手动测试的工作转化为自动化测试的工作。自动化测试框架、工具有很多，下面进行简单介绍。

- 根据测试语言，有基于 Ruby 的 Watir、TestUnit，基于 Java 的 TestNG、JUnit、Easyb、Mockito，基于 Perl 的 Perl Mechanize、TestBase，基于 Python 的 PyUnit、PAMIE。
- 根据测试体系，有单元测试框架、系统测试框架。
- 根据测试目的，有 GUI 自动化测试框架、网络协议自动化测试框架、基于 Web 的自动化测试框架。
- 根据实现深度和角度，有简单的录制回放测试框架、关键字驱动测试框架、关键字驱动及结果输出分析的自动化测试框架、具备智能匹配功能及快速生成脚本功能的自动化测试框架。

自动化测试对于初级测试工程师来说是一个加分项，对于高级、自动化工程师来说是不断提升的技能。对于形形色色的工具，其功能归纳起来分为 3 部分——数据准备、操作和校对结果。

- 数据准备：包括输入参数、图片、文件，准备数据库等。
- 操作：调用被测接口或者执行测试。
- 校对结果：检查返回值、页面跳转、数据库数据变更、图片、文件等。

一般常用的自动化测试工具有 Watir、Selenium、MaxQ、WebInject、JMeter、OpenSTA、DBMonster、TPTEST、Web Application Load Simulator、QTP 以及 LR。

下面就介绍互联网公司面试中经常提到的两种自动化工具 Selenium 和 JMeter。

3.3.1　Selenium

Selenium 是目前使用非常广泛的前端页面自动化测试工具之一。它通过各种方式在 Web 页面中增加 JavaScript 代码，在测试过程中通过调用这些 JavaScript 代码实现对页面的操作。

现在各大互联网公司常用 Selenium 包来搭建自己的框架。Selenium 包中提供了对网页控件和页面的大部分操作。基于 Selenium 的自动化测试框架如图 3.6 所示。

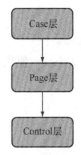

图 3.6　基于 Selenium 的自动化测试框架

其中，Control 层包含各种控件类，如 Button、Text、Select 等；Page 层将各类页面封装成类，并提供页面操作函数；Case 层通过调用页面操作函数来实现测试用例。

当然，基于 Selenium 框架做自动化测试可能会遇到很多常见的问题。这些是面试官常问的问题，以此来考查应聘者是否真的会使用 Selenium。

现在 Web 有很多版本，对于个别版本，Selenium 提供的操作有可能失效，于是测试用例无法正常运行。这种情况下，需要在 Control 层覆盖 Selenium 的代码，自己用特殊的方式处理，如判断 Web 类型后再处理。

Web 控件加载时间与网速快慢有关。若控件还没加载完就执行了操作，就会把测试用例当作错误处理，这比较麻烦。这也需要特殊处理，如判断控件加载完再操作。

3.3.2　JMeter

JMeter 经常用来做 Web 压力测试。当然，它也可以用来做自动化测试。

关于 JMeter 的主要测试组件的总结如下。

- 测试计划是使用 JMeter 进行测试的起点。
- 线程组代表一定数量的并发用户，可以用于模拟用户请求。
- 监听器负责收集并检查结果。
- 逻辑控制可以定义发送请求的逻辑行为。
- 断言可以判断结果是否如用户希望的那样。
- 前置处理器和后置处理器在生成请求之前与之后完成工作。
- 定时器负责定义请求之间的延迟间隔。

下面介绍如何使用 JMeter 进行压力测试。

Web 测试计划一般至少需要 3 个 JMeter 测试元件——线程组、HTTP 请求、表格，如图 3.7 所示。

- 线程组定义线程数和循环次数。
- HTTP 请求定义服务器、端口、协议、方法、请求路径。
- 表格负责收集和显示结果。

对于数据库服务器，在大多数企业中要做压力测试，目的是确定它到底能够承受多少用户访问。通过对 SQL 语句和存储过程的测试，可以间接反映数据库对象是否需要优化。

JMeter 使用 JDBC 发送请求，以完成对数据库的测试。数据库测试计划如图 3.8 所示。

图 3.7　JMeter 测试元件　　　　　图 3.8　数据库测试计划

JDBC Connection Configuration 负责配置与数据库连接相关的信息，如数据库 URL、数据库驱动类名、用户、密码等。

JDBCR Request 负责发送请求以进行测试。

图形结果负责收集显示测试结果。

3.4　性能测试指标与工具

本节介绍常见的性能测试指标与工具。

1．性能测试指标

一般情况下有以下指标需要观察。

通用性能指标有以下几种。

- Processor Time：服务器 CPU 占用率。
- Memory Available：可用内存数。
- Physicsdisc Time：物理磁盘读写时间。

Web 服务器的性能指标有以下几种。

- Request Per Second：平均每秒响应次数。
- Avg time to last byte per terstion：平均每秒业务脚本的迭代次数。
- Failed Requests：失败的请求。
- Failed Hits：失败的单击次数。
- Hits per second：每秒单击的次数。
- Successful hits per second：每秒成功的单击次数。
- Failed hits per second：每秒失败的单击次数。
- Attempted Connections：尝试链接的次数。

数据库服务器的性能指标有以下几种。

- User Connections：用户连接数。
- Number of deadlocks：数据库死锁数量。
- Butter Cache hit：数据库高速缓存的命中情况。

系统"瓶颈"包括 CPU 限制、磁盘 I/O 限制、应用磁盘限制、虚拟内存空间少、换页限制、系统失败、稳定系统的资源状态、CPU 占用率、磁盘 I/O、运行队列、内存。

查看性能指标的命令如下。

- vmstat：查看虚拟内存的统计信息。
- iostat：查看设备的 I/O 统计信息。
- netstat：查看网络活动统计信息。
- top：查看内存统计信息。
- cat /proc/meminfo：查看系统总内存大小。
- cat /proc/cpuinfo：查看系统总 CPU 大小。
- df -k：查看系统硬盘大小。

举例说明如下。

要每 5s 显示一次 CPU 使用，可以使用命令 $ vmstat 5。

要按照进程 CPU 占用率排序，可以按 Shift+P 组合键并使用命令 $ top。

要查看内存占用情况，可以使用命令 $ free。

要按照进程内存占用率排序，可按 Shift+M 组合键并使用命令 $ top。

2. 性能测试工具

一般有以下 4 种性能测试工具。

- 性能测试工具 WAS。WAS 是由微软公司的网站测试人员开发的，专门用来进行实际网站压力测试的一套工具。通过这套功能强大的压力测试工具，可以使用少量的客户端计算机仿真大量用户上线对网站服务所可能造成的影响。
- 性能测试和分析工具 Web Lode。Web Load 是 RadView 公司推出的一个性能测试和分析工具，它让 Web 应用程序开发者自动执行压力测试。Web Load 通过模拟真实用户的操作，能够生成压力负载来测试 Web 的性能。
- 工业标准级负载测试工具 LoadRunner。LoadRunner 是一种预测系统行为和性能的负载测试工具。通过以模拟上千万个用户并发访问及监测实时性能的方式来确认和查找问题，LoadRunner 能够对整个企业架构进行测试。通过使用 LoadRunner，企业能最大限度地缩短测试时间，优化性能，加快应用系统的发布。
- 功能和性能测试工具 JMeter。JMeter 是 Apache 组织的开源代码项目，它是功能和性能测试工具，完全用 Java 实现。

3. LoadRunner 的部分性能指标

LoadRunner 的部分性能指标如下。

- Memory：可用的物理内存。若占用的内存一直处于增长状态，说明程序没有释放内存。
- Page：从磁盘读写的页数。若 Page 持续高于几百，说明换页频繁，可以通过增加内存来降低该值。
- Page Fault：处理器每秒处理的错误页。

软错误是指该页面在内存的其他位置，硬错误是指页面必须从硬盘上重新读取。硬错误常会导致很明显的延时，可以考虑加大内存。

若 Memory、Available Bytes 持续下降不反弹，基本可以断定是内存泄漏。进一步监控 Process、Private Bytes 来查询具体的进程。

若 CPU 利用率（Processor Time）小于 75%，则 CPU 未被充分利用；若大于 95%，那么 CPU 就是一个瓶颈，可以考虑换一个性能更好的 CPU。

若 Processor Queue Length 值大于 2，并且 CPU 占用率一直很低，则存在 CPU 堵塞的可能。

若内存没有问题，Processor Time 大于 90%，并且 Interrupt Time 持续大于 15%，同时网卡、硬盘值比较低，可以断定 CPU 负载过重，无法满足业务增加需要，CPU 是系统瓶颈。

3.5　测试管理工具

测试管理工具是指对软件的测试输入、执行、结果进行管理的工具。有效管理测试能使得整个测试回归流程有条不紊地进行下去。

目前市场上流行的测试管理工具很多，如 TestManager、QADirector、Testlink、Wiki、Bugzilla、TestRunner、TestDirector、Excel 等。这些工具的特点如下。

- TestManager：Rational 测试解决方案中推荐的测试用例管理工具。
- Bugzilla+TestRunner：开源的测试管理解决方案，很多开源软件使用此方案管理。
- TestDirector：软件测试工具提供商 Mercury Interactive 公司生产的企业级测试管理工具。
- TestLink：基于 Web 的测试用例管理系统，主要功能是测试用例的创建、管理和执行，并且提供了一些简单的统计功能。
- Excel：编写方便，适合小型项目。

3.6　测试人员职业规划

测试人员无论在国内还是国外都是非常有前途的。那么，进入测试行业之后，发展方向应该如何把握呢？这是入门者关心的问题，也是面试官爱问的。下面介绍普遍的职业发展道路及在不同层次对测试人员的要求，一方面方便测试人员思考自己的发展道路，另一方面帮助测试人员在面试阶段有准备地回答这类问题。

- 初级测试工程师——入门级，具有一些手动测试经验，能初步开发测试脚本并开始熟悉测试生存周期和测试技术。
- 测试工程师——能够独立编写自动化测试脚本，并担任测试编程初期的领导工作，需进一步拓展编程语言、操作系统、网络与数据库方面的技能。
- 高级测试工程师——帮助开发或维护测试或编程标准与过程，负责同级的评审，并能够指导初级测试工程师。
- 团队领导——一般具有 5 年左右的工作经验，能够管理一个小团队，并负责进度安排、工作规模/成本估算、按进度表和预算目标交付产品，负责开发项目的技术方法，能够为用户提供支持与演示。
- 测试经理——负责测试领域内整个项目生命周期内的业务，能够为用户提供交互和大量演示，负责项目成本计划、进度安排和人员分工。

- 技术经理——具有多年纯熟的开发与支持（测试/质量保证）活动方面的经验，管理从事若干项目的人员及整个项目生命周期，负责把握项目方向与承担盈亏责任。

测试人员到了一定阶段（有的人3～5年，有的人8～10年）会有两个方向可以选择：选择技术方向，一直钻研测试技术，向专家方向发展；选择管理方向，这也是很有前途的。但是在面试过程中，应聘者若遇到此类问题，建议如实回答。

技术方向就沿着测试开发的路一直走下去，最终成为技术上的专家，在公司成为核心技术人员。这个方向对技术的积累要求最高，适于那些对管理没什么兴趣、只想专心做技术的人。要沿着这条路走下去，不仅需要不断地在开发能力上积累经验，还要求有一定的知识广度和对职业的独特理解。

管理方向即工作几年以后转向测试经理，以后的发展会比较多样化，如质量总监/项目经理等。如果不懂测试技术，就很难管理测试人员。当然，也有例外，有些管理人员的确是靠自己的人格魅力让一个团队健康发展的。大多数测试管理人员需要在技术上有一定积累，而且对于所有工作一定要比较熟悉，如黑白盒测试、自动化测试、性能测试、用例设计、配置管理、计划方案的设计等，还要调节团队内部的工作氛围，制定适当的激励机制。一个管理者绝不比一个技术人员需要积累的知识少。

3.7 系统质量保障方案整体设计

测试工程师在做了一两年模块测试设计、测试执行之后，可能会升为一个项目的负责人，因此他不仅需要跟着项目走，还需要对负责的项目进行整体考虑——根据项目特点，采用不同的质量保障手段。

在应聘高级测试工程师时，同样可能会被问到此类问题。

从层次上，应用可以分为基础平台类的应用和偏业务类的应用。例如，广告业务中，底层对广告的管理（增、删、改、查）属于基础平台类的应用，而客户端、搜索应用等业务逻辑比较强的管理属于偏业务类的应用。

针对基础平台类的应用，重点保障的是对接数据库的逻辑、数据正确性，因此可以强化数据监控。基础平台类应用的整体质量方案如图3.9所示。

针对偏业务类的应用，数据相对来说较少，重点在于保障代码逻辑的分支重要性。整体质量方案中可以把重点放在页面测试、接口测试上，弱化数据监控，增加埋点效果监控（如图3.10所示）。

图3.9 基础平台类应用的整体质量方案

图 3.10 偏业务类应用的整体质量方案

3.8 测试类笔试和面试训练题

试题 1. 在一个项目中，测试工作如何介入？

答案： 测试工作从以下方面介入。

（1）项目前期，跟进需求，充分理解功能需求。

（2）项目开发阶段，测试人员收集测试准备素材，包括测试用例准备、测试数据准备、自动化准备。

（3）项目测试阶段，测试执行。

（4）验收阶段，准备环境供产品负责人验收。

（5）上线后，进行线上验证。

试题 2. 为什么要在一个团队中开展软件测试工作？

答案： 因为没有经过测试的软件很难在发布之前知道该软件的质量，就好比 ISO 质量认证一样，测试同样也需要质量的保证，所以需要在团队中开展软件测试工作。在测试的过程中发现软件存在的问题，应及时让开发人员得知并修改。在即将发布时，从测试报告中得出软件的质量情况。

试题 3. 软件测试类型有哪些？具体说说它们之间的区别。

答案： 软件测试类型有功能测试、性能测试和界面测试。

功能测试在测试工作中占的比例最大，也称黑盒测试，它把测试对象看作一个黑盒。利用黑盒测试进行动态测试时，需要测试软件产品的功能，不需测试软件产品的内部结构和处理过程。采用黑盒测试设计测试用例的方法有等价类划分法、边界值分析法、错误推测法、因果图和综合策略等。

性能测试是指通过自动化的测试工具模拟多种正常、峰值及异常负载条件来对系统的各项性能指标进行测试。负载测试和压力测试都属于性能测试，两者可以结合进行。通过负载测试，确定在各种工作负载下系统的性能，目标是测试当负载逐渐增加时，系统各项性能指标的变化情况。压力测试是通过确定一个系统的瓶颈或者不能接收的性能点来获得系统能提供的最大服务级别的测试。

界面测试中，界面是软件与用户交互的最直接的层，界面的好坏决定了用户对软件的第一印象。另外，设计良好的界面能够引导用户自己完成相应的操作，起到向导的作用。同时，界面具有吸引用户的直接优势。设计合理的界面能给用户带来轻松愉悦的感受；相反，由于界面设计失败，可能让用户有挫败感，再实用、强大的功能都可能在用户的"畏惧"中付诸东流。

它们的区别如下。

功能测试关注产品的所有功能，要考虑到每个细节和每个可能存在的功能问题。性能测试主要关注产品整体的多用户并发下的稳定性和健壮性。界面测试更关注用户体验，产品是否易用、是否易懂、是否规范（如快捷键）、是否美观（能否吸引用户的注意力）、是否安全（尽量在前台避免用户无意输入无效的数据，当然，考虑到体验性，不能盲目地弹出警告）。做某个性能测试的时候，首先要保证测试的功能点是没问题的，然后考虑该功能点的性能测试。

试题4. 你认为做好测试用例设计工作的关键是什么？

答案： 白盒测试用例设计的关键是以较少的用例覆盖尽可能多的内部程序逻辑结果。黑盒测试用例设计的关键同样是以较少的用例覆盖尽可能多的模块输出和输入接口。不可能做到完全测试，应以最少的用例在合理的时间内发现最多的问题。

试题5. 试着说明黑盒测试、白盒测试、单元测试、集成测试、系统测试、验收测试的区别和联系。

答案：（1）黑盒测试是指已知产品的功能设计规格，通过测试证明每个实现的功能是否符合要求。软件的黑盒测试意味着测试要在软件的接口处进行。这种方法把测试对象看作一个黑盒，测试人员完全不考虑程序内部的逻辑结构和内部特性，只依据程序的需求规格说明书，检查程序的功能是否符合它的功能说明。因此，黑盒测试又称功能测试或数据驱动测试。黑盒测试主要用于验证以下问题的答案。

① 是否有不正确或遗漏的功能？

② 在接口上，输入是否能正确地接受？能否输出正确的结果？

③ 是否有数据结构错误或外部信息（如数据文件）访问错误？

④ 性能上是否能够满足要求？

⑤ 是否有初始化或终止性错误？

（2）白盒测试是指已知产品的内部工作过程，通过测试证明每种内部操作是否符合设计规格要求，所有内部成分是否已经过检查。软件的白盒测试是指对软件的过程性细节做细致的检查。这种方法是把测试对象看作一个"打开的盒子"，它允许测试人员利用程序内部的逻辑结构及有关信息设计或选择测试用例，对程序所有逻辑路径进行测试。通过在不同点检查程序状态，确定实际状态是否与预期的状态一致。因此，白盒测试又称结构测试或逻辑驱动测试。白盒测试主要用于对程序模块验证以下问题的答案。

① 对程序模块中所有独立的执行路径是否至少测试一遍？

② 对所有的逻辑判定取"真"与取"假"的两种情况都能至少测试一遍？

③ 在循环的边界和执行的界限内是否可以执行循环体？

④ 测试内部的数据结构是否有效？

（3）单元测试（模块测试）是指开发者编写一小段代码，用来检验被测代码的具体的、明确的功能是否正确。通常而言，一个单元测试用于判断某个特定条件（或者场景）下某个特定函数的行为。

单元测试由程序员自己来完成，最终受益的也是程序员自己。程序员不仅要编写功能代码，还有责任为自己的代码编写单元测试。执行单元测试，就是为了证明这段代码的行为和我们期望的一致。

（4）集成测试（组装测试、联合测试）是单元测试的逻辑扩展。它的最简单的形式是将两个已经测试过的单元组合成一个组件，并且测试它们之间的接口。从这一层意义上来说，组件是指多个单元的聚合。在现实方案中，许多单元组合成组件，而这些组件又聚合成程序的更大部分。其方法是测试片段的组合，并最终扩展进程，将自己的组件与其他组的组件一起测试。最后，将构成进程的所有组件一起进行测试。

（5）系统测试是指将经过测试的子系统装配成一个完整系统来测试。它是检验系统是否确实能提供系统方案说明书中指定功能的有效方法（常见的有联调测试）。系统测试的目的是对最终软件系统进行全面的测试，确保最终软件系统满足产品需求并且遵循系统设计。

（6）验收测试是部署软件之前的最后一个测试操作。验收测试的目的是确保软件准备就绪，最终用户可以用软件执行既定功能和任务。验收测试用于向未来的用户表明系统能够像预定要求那样工作。集成测试后，已经按照设计把所有的模块组装成一个完整的软件系统，接口错误也已经基本排除，接着就应该进一步验证软件的有效性，这就是验收测试的任务，即测试软件的功能和性能是否如同用户所期待的那样。

试题 6. 测试计划的作用是什么？测试计划工作的内容包括什么？其中哪些是最重要的？

答案： 软件测试计划是指导测试过程的纲领性文件，包含产品概述、测试策略、测试方法、测试区域、测试配置、测试周期、测试资源、测试交流、风险分析等内容。借助软件测试计划，参与测试的项目成员（尤其是测试管理人员）可以明确测试任务和测试方法，保持测试实施过程的顺畅沟通，跟踪和控制测试进度，应对测试过程中的各种变更。

测试计划、测试详细规格、测试用例之间是战略和战术的关系，测试计划主要从宏观上规划测试活动的范围、方法和资源配置，而测试详细规格、测试用例是完成测试任务的具体战术。所以，测试计划中最重要的是测试策略和测试方法（最好能先评审）。

试题 7. 你认为做好测试计划的关键是什么？

答案： 做好测试计划的关键如下。

（1）明确测试目标，增强测试计划的实用性。

（2）坚持"5W"规则，明确内容与过程。

（3）采用评审和更新机制，保证测试计划满足实际需求。

（4）创建测试计划，确定测试详细规格，创建测试用例。

试题 8. 你所熟悉的测试用例设计方法都有哪些？请分别以具体的例子来说明这些方法在测试用例设计工作中的应用。

答案： 测试用例设计方法有以下几种。

（1）等价类划分法。等价类是指某个输入域的子集合。在该子集合中，各个输入数据对于揭露程序中的错误都是等效的，合理地假定测试某等价类的典型值就等价于测试该等价类的其他值。因此，把全部输入数据合理划分为若干等价类，在每一个等价类中取一个数据作为测试的输入条件，就可以用少量有代表性的测试数据取得较好的测试结果。等价类划分法可基于有效等价类和无效等价类。

（2）边界值分析法。边界值分析法是对等价类划分法的补充。根据测试工作经验，大量的错误会发生在输入/输出范围的边界上，而不是发生在输入/输出范围的内部。因此，针对各种边界情况设计测试用例，可以查出更多的错误。要使用边界值分析法设计测试用例，首先应确定边界情况，应当选取正好等于、刚刚大于或刚刚小于边界的值作为测试数据，而不是选取等价类中的典型值或任意值作为测试数据。

（3）错误推测法。错误推测法是基于经验和直觉推测程序中所有可能存在的各种错误，从而有针对性地设计测试用例的方法。错误推测法的基本思想是列举出程序中所有可能的错误和容易发生错误的特殊情况，根据它们选择测试用例。例如，在单元测试中曾列出的许多在模块中常见的错误、以前产品测试中曾经发现的错误等，这些就是经验的总结。另外，输入数据和输出数据为 0 的情况，输入表格的内容为空格或输入表格的内容只有一行的情况，这些都是容易发生错误的情况，可选择这些情况下的例子作为测试用例。

（4）因果图法。前面介绍的等价类划分法和边界值分析法都着重考虑输入条件，但未考虑输入条件之间的联系、相互组合等。考虑输入条件之间的相互组合，可能会产生一些新的情况。但要检查输入条件的组合不是一件容易的事情，即使把所有输入条件划分成等价类，它们之间的组合情况也相当多。因此，必须采用一种适合于描述多种条件的组合，相应产生多个动作的形式来考虑设计测试用例。这就需要利用因果图（逻辑模型）。因果图法最终生成的就是判定表，它适合于检查程序输入条件的各种组合情况。

试题 9. 针对百度首页的搜索框编写 3 个以上的测试用例。

答案：针对正常值，测试套件包括输入英文"abc"、汉字"搜索内容"、符号 877@#、字符"abc 汉字空格"。

针对边界值，测试套件包括输入空字符串、字符长度为最大值。

针对异常，测试套件包括实施 XSS 攻击。

试题 10. 接口测试用例如何设计？

答案：根据研发工程师的开发文档，采用黑盒测试设计测试用例。

查看研发工程师的代码，按照路径覆盖方法采用白盒测试设计测试用例。

试题 11. 黑盒测试中是怎么来设计测试用例的？

答案：先熟悉系统需求，把握测试要点。设计用例的原则首先是要覆盖每个需求点，这可以通过填写需求跟踪矩阵来保证。

黑盒测试的测试用例设计方法包括等价类划分法、边界值分析法、错误推测法、因果图法。

试题 12. 平时测试时怎样保证页面间传值正确？

答案：查看页面显示结果、获取参数值及数据库里的值。

试题 13. 在项目哪个阶段测试人员开始介入？

答案：在项目需求阶段测试人员开始介入，尽早介入有助于更好地理解需求。

试题 14．静态测试和动态测试的概念是什么？

答案：静态测试是指不执行代码，通过语法检查发现代码的问题；动态测试是指代码编译后执行时发现代码逻辑与设计、需求是否相符的测试。

试题 15．等价类有几种？含义分别是什么？

答案：两种，有效等价类和无效等价类。有效等价类就是对程序的规格说明有意义的、合理的输入数据所构成的集合，利用有效等价类可验证程序是否实现了规格说明中的功能和性能；无效等价类是那些对程序的规格说明不合理或者无意义的数据所构成的集合，用于验证程序是否执行了不正确的操作。

试题 16．等价类划分法的原则及优缺点是什么？

答案：在输入条件规定的取值范围或值的个数的情况下，可以确定一个有效等价类和两个无效等价类。

在规定输入数据的一组值（假定有 n 个值）并且程序要对每个输入值分别处理的情况下，可以确定 n 个有效等价类和 1 个无效等价类。

在规定输入数据必须遵守的规则的情况下，可以确定 1 个有效等价类和若干个无效等价类。

在输入条件规定了输入值的集合或规定了"必须如何"的条件下，可以确定 1 个有效等价类和 1 个无效等价类。

在确定已划分的等价类中，若各元素在程序中的处理方式不同，应将该等价类进一步划分为更小的等价类。

试题 17．若用户连续输入错误密码的次数最多是 3，用等价类划分法设计测试用例。

答案：对于有效等价类，连续输入错误密码的次数小于或等于 3。

对于无效等价类，连续输入错误密码的次数大于 3。

试题 18．成年人每分钟心跳 60～100 次为正常，设计等价类测试用例。

答案：对于有效等价类，成年人每分钟心跳 60～100 次。

对于无效等价类，成年人每分钟心跳低于 60 次或超过 100 次。

试题 19．对招干系统中的"输入学生成绩"子模块设计测试用例。

招干考试涉及 3 个专业，准考证号中第一位为专业代号，如 1 代表行政专业，2 代表法律专业，3 代表财经专业。

行政专业准考证号码为 110001～111215。

法律专业准考证号码为 210001～212006。

财经专业准考证号码为 310001～314015。

答案：针对正常类，设计的测试用例包括 110002、210002、310001。

针对边界值，设计的测试用例包括 110000、110001、111215、111216、210000、210001、212006、2120007、310000、310001、314015、314016。

针对异常类，设计的测试用例包括 Abc、空格、−1、0。

试题 20．你最熟悉的一个项目是怎么做的？你具体用了什么方法和测试工具？

答案：仅做参考。我最熟悉的项目是我最近在做的××管理系统。项目初期，质量保障人员和研发工程师一起与产品设计人员沟通，了解需求，初步实现方案。随后，开发人员设计文档，质量保障人员根据需求文档和方案设计文档编写测试用例，开发完之后执行测试。我使用了黑盒测试方法，使用了 TestLink 测试工具等。

试题 21．bug 有哪些状态？

答案：新建未修复、已修复未验证、关闭、重启等。

试题 22．bug 描述包括哪些内容？

答案：简述、bug 操作、结果、原因分析、状态、所属项目等。

试题 23．LoadRunner 可以发现哪些系统问题？

答案：可以发现以下问题。

（1）判断应用程序的问题：如果系统由于应用程序效率低下或者系统结构设计有缺陷而导致大量的上下文切换，就会占用大量的系统资源。如果系统的吞吐量降低，CPU 的利用率很高，并且此现象发生时上下文切换水平在 15 000 以上，那么意味着上下文切换次数过高。

（2）判断 CPU 瓶颈：如果 Processor Queue Length 显示的队列长度保持不变（≥2），并且 CPU 的利用率超过 90%，那么很可能存在 CPU 瓶颈。如果发现 Processor Queue Length 显示的队列长度超过 2，CPU 的利用率却一直很低，或许更应该解决 CPU 阻塞问题，这里 CPU 一般不是瓶颈。

（3）判断内存泄漏问题：主要检查应用程序是否存在内存泄漏。如果发生了内存泄漏，Process/Private Bytes 计数器和 Process/Working Set 计数器的值往往会升高，同时

Available Bytes 的值会降低。内存泄漏应该通过一个长时间的、用于分析所有内存都耗尽时应用程序反应情况的测试来检验。

试题 24. 谈一下项目整体架构。

答案： 根据自身情况作答。

试题 25. 如何保证测试的整体覆盖率。

答案： 通过黑盒测试与白盒测试。另外，可以使用覆盖率工具进行监控。

试题 26. 回归测试要考虑哪些因素？

答案： 回归范围、剩下的时间和人力、回归方法等。

试题 27. 客户端软件性能测试的关注点有哪些？

答案： 资源（CPU、内存、GDI、I/O）占用和响应时间。

试题 28. 如果对 QQ 和 MSN 的性能做对比测试，要对比哪些方面？

答案： 相同操作的时间长度对比、系统资源占用量等。

试题 29. 针对网页搜索进行功能测试。

答案： 从输入和输出两个方面考虑。

输入能够考虑到字符长度（0、超长、空格），字符编码、特殊字符处理，用空格分隔检索词，检索语法，检索词词性，以及与安全性相关的测试输入等。

输出能够考虑到结果个数（无结果、一页内、多页、超过最大页限制），结果排序（是否符合算法要求），结果展示（是否有特殊字符展示问题、摘要长度等），结果中的链接（结果链接、快照链接等被单击后的展示），得到的结果个数是否符合常理（如常见词检索结果过少），结果的时效性（最近收录的结果是否被检索到），以及用户体验等。

试题 30. 一幢楼有 3 层，有两部联动电梯。该电梯系统交付使用前需进行测试，请设计测试用例。

答案： 功能测试要测试基本功能和辅助功能。

（1）基本功能有单部电梯响应用户呼叫（考虑电梯不同的状态和用户呼叫的楼层），单部电梯响应用户请求（考虑用户呼叫的楼层和用户的目的楼层），两部电梯的调度算法测试（考虑电梯不同的状态和用户呼叫的楼层）。

（2）辅助功能有照明功能、报警功能、监控功能、防夹功能、开门功能、关门功能。

性能测试中，要测试电梯行进速度，开门、关门速度。

压力测试中，要测试电梯长时间高负载工作的情况。

异常测试中，要测试断电、超重、关门超时、钢缆断裂、自然灾害下的电梯工作情况。

试题 31． 白盒测试和黑盒测试中设计测试用例的主要方法是什么？

答案： 白盒测试中，设计测试用例的主要方法是：逻辑覆盖法，逻辑覆盖法主要包括语句覆盖法、判断覆盖法、条件覆盖法、判断条件覆盖法、条件组合覆盖法、路径覆盖法等。

黑盒测试中，设计测试用例的主要方法是等价划分类、边界值分析法、错误推测法等。

试题 32． 根据不同的依据，软件测试可划分成不同的种类。例如，根据软件的生命周期，可以将测试划分为单元测试、集成测试、确认测试、系统测试和验收测试。根据两种不同的依据，请说出 2～3 种软件测试方式（不包含题目中的方式）。

答案： 按照测试关注点，软件测试可划分为功能测试、性能测试、稳定性测试、易用性测试。

按照测试实施者，软件测试可划分为开发方测试（α 测试）、用户测试（β 测试）、第三方测试。

按照测试技术/测试用例设计，软件测试可划分为白盒测试、黑盒测试、灰盒测试。

按照分析方法，软件测试可划分为静态测试、动态测试。

按照测试执行方式，软件测试可划分为手动测试、自动化测试。

按照测试的对象，软件测试可划分为程序测试、文档测试。

试题 33． 请给出 QQ 聊天消息收发的测试思路。

答案： 主要关注几个关键词，如正常测试、异常测试、不同的消息类型、组合测试、长度极值、是否延迟、是否丢失、是否被篡改、安全性。

试题 34． 测试自动贩卖机。假设贩卖机将用在露天的繁华大街上。

答案： 考虑管理员的功能，如添加货物功能、定价等功能；考虑界面外观、用户说明；考虑比较高的容错率。

试题 35． 程序从标准输入中读取字符，判断输入字符是固定电话号码还是手机号码（这里假设手机号以"13"开头）。

（1）手机号码是以 13 开头并且长度为 11 的连续数字。

（2）固定电话号码包括区号和号码两部分，其中号码是长度为 7 或 8 并且不以 0 开头的连续数字；区号可有可无。区号和号码间可以有"-"，也可以没有。

（3）当用户输入完毕后，系统返回的答案包括手机号码、固定电话号码、无正确号码。

（4）一次输入中如果有多个正确号码（空格为分隔符），那么以最后一个正确号码的类型为准实现上述功能的程序设计测试用例。

区号范围（×表示任意数字）如表 3.2 所示。

表 3.2　　　　　　　　　　　　　　　　　　区号范围

3 位区号	4 位区号
010	03××
020	04××
021	05××
022	06××
023	07××
024	08××
025	09××

答案：测试用例设计的参考思路如表 3.3 所示。

表 3.3　　　　　　　　　　　　　　测试用例设计的参考思路

输入	测试用例的设计思路			
有空格	空格在两头	中间有正确号码		
		中间无正确号码		
		中间无字符		
	空格在中间	有一个空格	最后一个为错误手机号码	
			全部为错误手机号码	
			最后一个为正确手机号码	
		有多个空格	最后一个为正确手机号码	
			第一个为正确手机号码	
			全部为错误手机号码	
	超长字符含空格			

续表

输入	测试用例的设计思路				
无空格	只含数字	以 0 开头	前 3 位是区号		区号识别
			前 3 位非区号	前四位为区号	区号识别
				前四位非区号	
		非 0 开头	以 13 开头	长度为 11	
				长度非 11	固定电话号码
					非固定电话号码
			非 13 开头		固定电话号码识别
	含数字和 "-"	有一个 "-"	"-" 前是区号		"-" 后为固定电话号码
					"-" 后非固定电话号码
			"-" 前非区号		"-" 后为固定电话号码
		有多个 "-"			
	含其他字符				
	超长字符不含空格				
空输入					
固定电话号码识别					
首位为 0	长度为 6	所有数字均能被识别			
	长度为 7				
	长度为 5				
	长度为 8				
首位非 0					
区号识别					
长度为 3	以 010 开头				
	以 02 开头	以 026 开头			
		不是以 026 开头			
	不是以 010、02 开头	以 011 开头			
		以 030 开头			
长度为 4	以 03～09 开头				

试题 36．Android 平台自动化测试方案有哪些？它们各自的特点是什么？还有其他的吗？

答案：Robotium，基于 Instrumentation 和 JUnit，使用 Java 开发，进行黑盒自动化测试。通过使用 Robotium，测试用例开发人员能够跨越多个 Activity 开发出功能、系统及验收测试用例。

MonkeyRunner，使用 Python 编写。MonkeyRunner 工具提供了一个 API，使用此 API 写出的程序可以不通过 Android 代码来控制 Android 设备和模拟器，如向它发送模拟单击，截取它的用户界面，并将截图存储于工作站上。

NativeDriver，基于 Instrumentation 和 JUnit，与 Robotium 原理类似，但只需了解控件 ID，无须关心过多细节。它采用 C/S 模式，向设备发送请求指令，控制程序运行。

试题 37．手机客户端 App 常见的出错点是什么？如何测试？

答案：资源释放、网络、内存；易发生在启动、关闭 App，横竖屏切换，基站切换时。

可考虑将所有可打开功能均打开，进行横竖屏切换等操作；在各种网络（电信网络、移动网络、联通网络、Wi-Fi）覆盖和场景（地铁、公交、室内）覆盖下测试等。

试题 38．编程中，内存泄漏的常见检查项有哪些？

答案：对于 Java 来说，由于存在垃圾回收机制，因此内存泄漏不是太明显，但如果使用不当，仍然可能存在内存泄漏的问题。而对于其他的语言（如 C++）等，在这方面就要重点关注了。当然，数据库连接等资源不释放的问题也是广大程序员最常见的，相信很多项目经理被这个问题困扰。

在 C++ 等语言中，关于内存泄漏的常见检查项如下。

（1）分配的内存是否释放，尤其在错误处理路径上（对于非 Java 类）。

（2）错误发生时是否所有对象被释放，如数据库连接、套接字、文件等。

（3）同一个对象是否被释放多次（对于非 Java 类）。

（4）代码是否保存准确的对象引用计数（对于非 Java 类）。

试题 39．测试的分类有哪些？

答案：从不同角度有不同的分类，有黑盒、白盒、灰盒测试，单元测试、模块测试、集成测试、系统测试，功能测试、性能测试、稳定性测试，新功能测试、回归测试等。

试题 40．敏捷开发测试的核心实质是什么？为什么敏捷开发能够对需求的变更应对自如？

答案：敏捷开发拥有更好的设计架构，重构是敏捷开发中常用的技术手段。同时，足够的沟通，合理的、细致的迭代是敏捷开发的特点。

试题 41．一个模块拥有 5 个策略，每个策略的输入都是上一个策略的输出，如何设计出易于维护的自动化测试用例？
　　答案：给每个策略设置开关。

试题 42．对于日文输入法，用户自定义词库界面的测试主界面如图 3.11 所示。请设计测试用例，如需要提供信息可以向面试官询问。

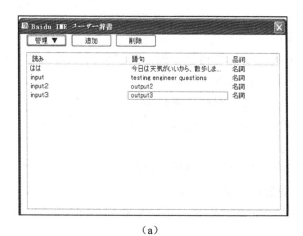
（a）

（b）

（c）

图 3.11　测试主界面

答案：
（1）测试菜单及按键上日文含义及对应功能：菜单（MS 词典导入，导出为 txt 文件，导入 txt 文件）。
（2）测试每个字段的属性、支持的操作。

① 图 3.11（a）中 3 列分别为读音、对应的长串、长串对应的词性。

② 录入区域包括 3 个状态——未选中（记为 A）、选中（记为 B）、编辑（记为 C），三者的状态转移如下。

A→双击某单元格→C。

A→单击"追加"按钮→C（可编辑区域处于第一列）。

A→单击某单元格→B。

B→单击当前选中的单元格或按 F2 键→C。

B→单击未选中的单元格→B（选中的单元格更改为此次单击的单元格）。

B→按 Esc 键→B（状态不变）。

C→按 Esc 键→B。

C→按 Enter 键→B。

C→Tab 键→C（编辑区域移动到下一列，如移动到末尾，则 Tab 键无效）。

根据沟通得到的信息设计如下用例。

（1）对于输入界面，测试用例设计思路如下。

① 测试每个字段的正常值、异常值，长度边界。

② 测试操作的状态转移。

③ 测试编辑完成后何时保存？如何验证写入文件正常？

④ 测试保存后，是否可以立即生效？

⑤ 界面相关：双击单元格的操作、手动拖动列之间的间隔（是否支持类似于 Excel 的常用快捷键）。

（2）导入 MS 词典。

① 支持哪种格式？MS 和我们的词性字段是否相同？如果不同，导入时使用什么词性？

② 性能与可以承受的压力是多少？

……

（3）导入/导出 txt 文件功能。

① 哪种格式能正常导入？

② 性能如何？

③ 我们导出的 txt 文件可以正常导入。

④ 我们可以导入 MS 导出的词典。

……

兼容性：客户端软件需要考虑不同操作系统等。

试题 43．软件测试就是为了验证软件的功能实现是否正确、是否完成既定目标的活

动，所以软件测试在软件工程的后期才开始具体的工作。（　　）

A．正确　　　　　　　　　　　B．错误

答案：B。

试题 44．功能测试是系统测试的主要内容，检查系统的功能、性能是否与需求规格说明相同。（　　）

A．正确　　　　　　　　　　　B．错误

答案：A。

试题 45．软件就是程序。（　　）

A．正确　　　　　　　　　　　B．错误

答案：A。

试题 46．软件测试的目的是尽可能多地找出软件的缺陷。（　　）

A．正确　　　　　　　　　　　B．错误

答案：A。

试题 47．软件测试的作用是对开发出的软件提供（　　）的依据。

A．验证　　　　B．确认　　　　C．设计　　　　D．判断

答案：B。

试题 48．随着软件确认测试阶段的结束，软件测试报告通过评审和批准，建立（　　）基线。

A．功能　　　　B．分配　　　　C．设计　　　　D．产品

答案：D。

试题 49．用户在真实的工作环境中使用软件，用于测试系统的用户友好性等，这种测试是（　　）。

A．集成测试　　B．系统测试　　C．α测试　　D．β测试

答案：D。

试题 50．对于软件测试分类，下列各项都是按照不同阶段进行划分的，除了（　　）。

A．单元测试　　B．集成测试　　C．黑盒测试　　D．系统测试

答案：C。

试题 51. 软件测试方法有哪些分类？设计测试用例的主要方法有哪些？

答案： 分类如下。

（1）白盒测试、黑盒测试、灰盒测试。

（2）单元测试、集成测试、系统测试、验收测试、回归测试、α测试、β测试。

（3）静态测试和动态测试。

设计测试用例的主要方法包括等价类划分法、边界值分析法、因果图法、错误推测法。

试题 52. 系统测试是什么？需要考虑哪些方面？

答案： 系统测试是将已经确认的软件、计算机硬件、外部设备、网络等其他元素结合在一起，进行信息系统的各种组装测试和确认测试，其目的是通过与系统的需求相比较，发现所开发的系统与用户需求不符或矛盾的地方，从而提出更加完善的方案。

系统测试的任务是尽可能彻底地检查出程序中的错误，增强软件系统的可靠性，其目的是检验系统"做得怎样"。该阶段又可分为3个步骤：模块测试，测试每个模块的程序是否有错误；组装测试，测试模块之间的接口是否正确；确认测试，测试整个软件系统是否满足用户功能和性能的要求。该阶段结束应交付测试报告，说明测试数据的选择、测试用例及测试结果是否符合预期结果。

测试中发现问题之后要经过调试找出错误原因和位置，然后进行改正。这是基于系统整体需求说明书的黑盒测试，应覆盖系统中所有联合的部件。

系统测试是针对整个产品系统进行的测试，目的是验证系统是否满足需求规格的定义，找出与需求规格不相符合或与之矛盾的地方。

系统测试的对象不仅包括需要测试的产品系统的软件，还包括软件所依赖的硬件、外部设备，甚至包括某些数据、某些支持软件及其接口等。因此，必须将系统中的软件与各种依赖的资源结合起来，在系统实际运行环境下进行测试。

试题 53. 怎样才能成为一个合格的软件测试工程师？

答案： 软件测试工程师应该从以下方面努力。

（1）提升计算机专业技能。

（2）提升测试专业技能。

（3）提升软件编程技能。

（4）不断学习网络、操作系统、数据库、中间件等知识。

（5）具有较强的责任心，热爱测试工作，能经常与需求人员、研发人员交流、沟通。

试题 54. 假设输入的取值范围是 1000<year<2001，请使用基本路径测试法为变量

year 设计测试用例，使其满足基本路径覆盖要求。

答案：测试用例如下。

- 测试用例 1：year 是 1000～2000 中不能被 4 整除的整数，如 1001、1002、1003 等。
- 测试用例 2：year 是 1000～2000 中能被 4 整除但不能被 100 整除的整数，如 1004、1008、1012、1016 等。
- 测试用例 3：year 是 1000～2000 中能被 100 整除但不能被 400 整除的整数，如 1100、1300、1400、1500、1700、1800、1900。
- 测试用例 4：year 是 1000～2000 中能被 400 整除的整数，如 1200、1600、2000。

试题 55．你做过页面测试吗？用过 Selenium 吗？说说你用的框架。

答案：我做过页面测试，用过 Selenium，框架有 3 层——Control 层、Page 层、Case 层。

3.9　测试工程师笔试和面试真题

3.9.1　自动化测试工程师面试真题及答案

自动化测试工程师要求有一定的开发基础，因此面试通常分为两部分——测试基础和自动化测试能力。

1．测试基础

试题 1．白盒测试与黑盒测试的区别是什么？

答案：白盒测试根据代码来设计测试用例；黑盒测试根据业务逻辑在不清楚代码实现的情况下设计测试用例。

试题 2．什么是正交测试？使用场景是什么？

答案：正交测试源于正交试验设计方法，是指从大量的数据中挑选适量的、有代表性的点，从而合理地安排测试的一种科学的试验设计方法。

试题 3．简单描述你使用过的 bug 管理工具，如何配合项目工作流来进行操作？

答案：采用 TestLink 进行 bug 管理，新建 bug→由指定研发工程师修改→研发工程师更改状态→质量保证人员确认关闭。

2．自动化测试能力

试题 1．列举出你熟悉的自动化工具，并说明其实现原理。

答案：Selenium，它将 Web 操作封装成类，用户可以通过调用 Selenium 提供的 API 来进行 Web 操作。

试题 2．什么是关键字驱动自动化测试？

答案：关键字驱动是自动化框架的一种实现方式，一个关键字对应一种操作。例如，新建用户，对应的是用一系列代码实现的操作。Case 由一系列关键字对应的代码组成。而关键字驱动自动化测试就是通过读取关键字，自由生成测试用例的自动化框架。

试题 3．高质量的自动化测试需要具备哪些特性？

答案：测试用例可以正常运行，编写测试用例的工作量小。

3.9.2　初中级测试工程师面试真题及答案

试题 1．在 SQL Server 中，如何从名为 Student 表中选取列 mayingbao 中以 a 开头的所有记录？

答案：使用以下语句。

```
select * from Student where mayingbao like "a%"
```

试题 2．利用 SQL 语句，向 student 表中插入 10000 条数据。

答案：使用以下语句。

```
CREATE TABLE dbo.Nums(n INT NOT NULL PRIMARY KEY);
DECLARE @max AS INT, @rc AS INT;
SET @max = 1000000;
SET @rc = 1;INSERT INTO Nums VALUES(1);
WHILE @rc * 2 <= @maxBEGIN INSERT INTO dbo.Nums SELECT n + @rc FROM dbo.Nums;
SET @rc = @rc * 2;ENDINSERT INTO dbo.Nums SELECT n + @rc FROM dbo.Nums WHERE n + @rc
<= @max;GO
```

试题 3．图 3.12 所示是某公司门户网站中股票栏目的"行情搜索"功能，你认为应从哪些方面来测试？

答案：可从以下方面测试。

（1）判断测试控件（行情搜索框、行情数据不同组合）是否正常。

（2）判断图 3.12 中右边的数据图是否正确。

图 3.12 "行情搜索"功能

试题 4. 由于新上线的后台对账项目突然出现崩溃，某银行系统处于停用状态，最后查明系统可能存在性能瓶颈。你作为此项目的主要测试负责人，面对突如其来的事件，该如何处理？

答案： 首先，回滚线上环境，让线上使用旧版本，确保线上系统正常运行。然后，与开发者一起查找、修复问题后，重新上线。

试题 5. Web 测试中经常会设计安全测试，那么什么是 SQL 注入？

答案： SQL 注入就是通过把 SQL 命令插入 Web 表单或输入域名或页面请求的查询字符串，最终达到"欺骗"服务器并运行"恶意"的 SQL 命令的效果。

试题 6. 运行 Web 浏览器的计算机与网页所在的计算机建立_____连接，采用____传输文件。

答案： TCP，HTTP。

3.9.3　游戏类测试工程师面试真题及答案

试题 1. 请简述你进入此行业的职业目标。

答案：（根据自己的实际情况作答）前 3～5 年，打好游戏测试基础；3～5 年后看情况，可能走技术也可能走管理，根据自己 3～5 年后的发展情况而定。

试题 2. 请简述你对游戏测试工作的理解。

答案： 游戏测试需要用心、仔细。

第一步要做出全面的测试计划，这是一个很花时间的过程，认真的测试员必须要对游戏产品有全盘了解，并确定完整、正确的企划书。这份企划书要准确描述测试结束后游戏所能达到的品质，据此做出测试时间和人力安排方案。

第二步是实施阶段，这一阶段的目标是"确保其功能的正确性，在指定环境下运行的正确性"，这在测试中用两个专用术语——功能测试与压力测试指代。功能测试用于检验游戏是否能实现所有设计功能。测试功能可分为游戏画面、NPC 对话、物品的穿戴摘取带来的数据变化、升级带来的数据变化、各个频道的聊天是否正常、任务的完成过程以及结果、技能的使用等。压力测试的项目则主要有职业平衡性、某一场景中能够承载的人数、不同场景间承载的不同级别人物的刷新率、相同场景内不同人物的搭配等。此外，还要依照游戏中的语音、对话表来检查错别字，这被测试员看成最枯燥、最漫长的检查之一。

第三步是回归测试，准确来说这并非一个测试步骤，只是用于保障对 bug 的修改不会引入新的 bug。简单来说，就是对修改后的版本重新进行一次完整的测试过程，重新验证每个细节，然后收集、整理测试过程中的信息，供下一个游戏制作和测试过程借鉴。

试题 3．哪些个人特质或性格使你认为自身适合做测试工作？
答案：仔细、反向思维、有计划、有耐心等。

试题 4．请列举你所熟悉的 5 种游戏类型，并分别指出相应的游戏。
答案：动作（《铁拳》）、冒险（《荒岛求生》）、模拟（《rFactor》）、角色扮演（《天龙八部》）、休闲（《职业台球》）等。

试题 5．在上述熟悉的游戏中选择其中最精通的一款详细描述。
答案：rFactor 是 Image Space 公司推出的赛车模拟游戏，这款游戏采用了 Image Space 公司的 isiMotor 2.0 开发环境，会给玩家带来更加专业的赛车体验、更加绚丽逼真的游戏画面及震撼人心的音响效果。

根据官方网站的介绍，rFactor 拥有下列特性。

- 物理引擎：自由物理引擎升级到 15 度（即自由度为 15），支持高级轮胎模型、4 连接尾部悬浮、引擎增强模型、复杂空气动力学、头部物理学、驾驶室振动、精细撞击模型、全新的赛道地形信息文件系统。
- 画面/声音：支持 DX9 高级显示引擎、实时白昼/黑夜转换、可设计的夜间驾驶车前灯、可调的玩家和对手的音量比例，可通过上视翻转镜观看车顶部，可以在驾驶室中调节座椅和镜子，可以实时升级计分条，为车辆驾驶室扩展并升级了仪表和 LCD 特性，提高了载入速度，升级了声音引擎，根据升级的车辆性能改变引擎声音。
- 游戏过程：生涯模式中升级会影响车辆外观、性能和声音，定义人工智能计算机对手的类型、力量和进攻性，可以基于圈数比赛，也可以限时竞赛，或者二者同时采用，具有车辆升级系统，具有车辆经济和里程系统，环境和赛道温度在比赛全程不断改变，具有更多的可配置键，通过车辆和赛道过滤器可以选择更多的比赛系列，可以进行网格编辑。
- 视角/回放：全屏监视和回放，从任何位置自由移动视角；支持观众模式，在配置视角运动时移动、复制或删除回放片段；按自定义压缩和尺寸选项将回放片段输出到 AVI 文件。
- 多人游戏：具有全新的多人游戏引擎，内置了基于 Web 的 RaceCast 比赛数据提交系统，内置了好友列表，具有服务器书签，具有专用服务器，具有本地投票系统，可以在多人游戏中添加计算机对手，内置了即时对话程序，可以踢出或屏蔽玩家列表，并分发该列表，通过安全检查防止潜在的作弊行为。

- RaceCast：通过 RaceCast 加入或观看任何比赛，搜索过去的比赛、可供下载的 XML 格式的比赛结果、赛手统计资料、基于广泛的赛手统计的 rRank 规则，查看在线用户及其所在的服务器。
- 开放架构：为 Mod 用户提供扩展支持，提供简易的、可定制的多语言支持，可以定义联盟时间表，可以模拟不同类型比赛的规则，可以定制完整的控制器，可以设计全新的车辆外观。

试题 6． 针对上述游戏，请详细描述其中存在的 bug（至少两个）。

答案：（1）对于某些手机，画面比例不合适、画面变形。

（2）重力感应后动作发生反方向的变化。

试题 7． 请定义什么是 bug。

答案： 与预期不符合的结果都是 bug。

试题 8． 如果需要测试《俄罗斯方块》，你认为应从哪些方面入手？

答案： 界面、动作、软硬件环境、性能等。

3.9.4　性能测试工程师面试真题及答案

试题 1． 什么是性能测试？什么是负载测试？什么是压力测试？

答案： 性能测试是指通过自动化的测试工具模拟多种正常、峰值及异常负载条件来对系统的各项性能指标进行测试。

负载测试是指确定在各种工作负载下系统的性能，目标是测试当负载逐渐增加时，系统各项性能指标的变化情况。

压力测试是指通过确定一个系统的瓶颈或者不能接收的性能点来获得系统能提供的最大服务级别。

试题 2． 性能测试包含哪些测试（至少举出 3 种）？

答案： 压力测试、负载测试、并发测试、可靠测试、失效恢复测试等。

试题 3． 简述性能测试的步骤。

答案： 确定测试计划→设计测试→创建脚本→创建场景→分析结果。

试题 4．简述使用 LoadRunner 的步骤。

答案：完成脚本录制设置→录制脚本→调试脚本→设置场景→分析结果。

试题 5．什么时候可以开始执行性能测试？

答案：在产品相对比较稳定、功能测试完成后。性能测试的时间可以灵活选择。

试题 6．LoadRunner 由哪些部件组成？

答案：LoadRunner 由 Virtual User Generator、Controller、Running Controller 和 Analysis 组成。

试题 7．你使用 LoadRunner 的哪个部件来录制脚本？

答案：Virtual User Generator。

试题 8．LoadRunner 的哪个部件可以模拟在多用户并发下回放脚本？

答案：Controller。

试题 9．什么是集合点？设置集合点有什么意义？LoadRunner 中设置集合点的函数是哪个？

答案：集合点就是到达某个用户数量的点集合。设置集合点可同时触发一个事务，以模拟真实环境下多个用户同时操作，同时模拟负载，实现性能测试的最终目的。LoadRunner 中设置集合点的函数是 LR_rendezvous("集合点名称")。

试题 10．什么是场景？场景的重要性有哪些？如何设置场景？

答案：场景是指模拟真实环境中用户运行状况的环境。

场景的重要性如下。

（1）通过场景来模拟实际用户的操作，这样得到的性能测试结果才具有代表性。

（2）在运行过程中也需要关注性能测试，以便检测测试过程是否正常。

要设置场景，应尽量站在用户的角度考虑用户操作。

试题 11．请解释如何录制 Web 脚本。

答案：LoadRunner 通过转发请求来捕获数据包，从而录制脚本。

试题 12．为什么要创建参数？

答案：在环境变化时为了使脚本具有随环境变化的能力，就需要创建参数（从客户端发送到服务器）。

试题 13．什么是关联？请解释自动关联和手动关联的不同。

答案：关联是指很多框架用 sessionid 等方法标识不同任务和数据，应用在每次运行时发送的数据不完全相同，需要利用算法对录制的原有脚本进行处理，这种机制称为关联（从服务器发送到客户端）。

自动关联在跳转过程中通过 sessionid 可以自动找到信息，手动关联需要用户再次输入登录密码进行关联。

试题 14．你如何找出哪里需要关联？请给出一些项目实例。

答案：用户登录、客户端发送请求、服务端验证正确性后，给客户端发送 sessionid，以产生某种规则。例如，登录一个淘宝账号，跳转到支付宝后，无须输入支付宝账号即可登录，这就是关联。

试题 15．在 VuGen 中何时选择关闭日志？选择标准的作用是什么？扩展日志包括什么？

答案：当调试脚本时，可以只输出错误日志；当加载脚本时，日志自动变为不可用的。选择标准日志时，就会在脚本运行过程中生成函数的标准日志并且输出信息，供调试用。在大型负载测试场景中不用启用这个选项。扩展日志包括警告和其他信息，在大型负载测试中不要启用该选项。扩展日志选项可以指定哪些附加信息需要加入扩展日志。

试题 16．如何调试 LoadRunner 脚本？

答案：使用 Run Step by Step 命令和 Breakpoints（断点）。在 Option 对话框中的 Debug setting 选项中，可以确定在场景运行过程中的轨迹。调试信息在 Output 窗口中输出。如果只想接收到一小段脚本的调试信息，可以用 lr_set_debug_messag() 函数在脚本中手动设置信息类型。

试题 17．在 LoadRunner 中如何编写自定义函数？请给出一些在以前进行的项目中编写的函数。

答案：在编写用户自定义函数前需要创建 DLL，将其放在 VuGen bin 目录下。该函数应该为以下格式。

```
__declspec (dllexport) char* <function name>(char*, char*).
```

试题 18．什么是逐步递增？如何进行设置？

答案：逐步递增用于逐渐增加服务器的虚拟用户数或负载量。可以设置一个初始值，而且可以在两个迭代之间设置一个值等待。要设置逐步递增，就设置 Scenario Scheduling Options。

试题 19．以线程方式运行的虚拟用户有哪些优点？

答案：VuGen 提供了应用多线程的便利，这使得在每个生成器上可以运行更多的虚拟用户。如果是以进程的方式运行虚拟用户，就要为每个用户加载相同的驱动程序到内存中，因此占用了大量的内存。这就限制了在单个生成器上能运行的虚拟用户数。如果按进程运行，给定的所有虚拟用户数（如 100）只加载一个驱动程序实例到内存里。每个进程共用父驱动程序的内存，因此在每个生成器上都可以运行更多的虚拟用户。

试题 20．在出错时，要停止运行脚本，应怎么做？

答案：lr_abort()函数用于放弃虚拟用户脚本的运行，虚拟用户停止 Action 的运行，直接运行 vuser_end()，然后结束运行。在出现错误时想手动放弃脚本的运行，这个函数是有用的。用这个函数停止脚本时，Vuser 被指定为 Stopped 状态。为了使这个函数起作用，开始时就不能选择 Run_Time Settings 中的 Continue on Error 选项。

试题 21．响应时间和吞吐量之间的关系是什么？

答案：吞吐量显示的是虚拟用户每秒从服务器接收到的字节数。当和响应时间比较时，可以发现随着吞吐量的降低，响应时间也缩短；同样，吞吐量的峰值和最长响应时间差不多同时出现。

试题 22．如何在 LoadRunner 中配置系统计数器？

答案：通过 Web 资源监视器，可以分析 Web 服务器的吞吐量、单击率、每秒 HTTP 响应数及每秒下载的页面数。

试题 23．如果 Web 服务器、数据库及网络都正常，客户反馈的问题可能会出在哪里？

答案：操作系统、代码算法、其他通信传输层硬件等。

试题 24．如何发现 Web 服务器的相关问题？

答案：通过测试网络带宽、内存、存储、CPU 等。

试题 25. 什么是思考时间？思考时间有什么作用？

答案：思考时间是真实用户在 Action 之间等待的时间。例如，当一个用户从服务器接收到数据时，用户可能需要在响应之前等待几分钟回顾数据，这段时间称为思考时间。

试题 26. 标准日志和扩展日志的区别是什么？

答案：选择标准日志时，会在脚本运行过程中生成函数的标准日志并且输出信息，供调试用。在大型负载测试场景中不用启用该选项。

扩展日志包括警告和其他信息，在大型负载测试中不要启用该选项。用扩展日志选项可以指定哪些附加信息需要加到扩展日志中。

试题 27. 什么是吞吐量？

答案：在单位时间内系统处理客户端的请求数。

3.9.5　腾讯测试工程师笔试真题及答案

试题 1. 下面哪些测试属于黑盒测试方法？（　　　）

A. 路径测试法　　　　　B. 等价类划分法　　　　C. 边界值分析法
D. 条件判断法　　　　　E. 循环测试法　　　　　F. 因果图分析法
G. 正交分析法

答案：B、C、G。

试题 2. 提高软件质量和可靠的技术大致可分为两大类，其中一类就是避开错误技术，但避开错误技术无法做到完美无缺，这就需要软件设计能够（　　　）。

A. 具有较强的消除能力　　B. 具有较强的健壮性　　C. 避开错误
D. 具有较强的容错能力　　E. 具有较强的异常检测能力

答案：C、D。

试题 3. 软件设计包括 4 个既独立又相互联系的活动，分别为（　　　）、（　　　）、数据设计和过程设计。

（1）A. 用户手册设计　　　　　　　　B. 语言设计
　　　C. 体系结构设计　　　　　　　　D. 文档设计
（2）A. 文档设计　　　　　　　　　　B. 程序设计
　　　C. 实用性设计　　　　　　　　　D. 接口设计

答案：C、D。

试题 4. 在开发一个系统时，如果用户对系统的目标不清楚，难以定义需求，最好使用（　　）。

A．原型法　　　　　　B．瀑布模型　　　　　C．V模型　　　　　　D．螺旋模型

答案：A。

试题 5. 软件开发中的瀑布模型典型地刻画了软件存在周期的阶段划分，与其最相适应的软件开发方法是（　　）。

A．构件化方法　　　　B．结构化方法　　　　C．面向对象方法　　　D．快速原型法

答案：B。

试题 6. 软件设计的主要任务是设计软件的结构、过程和模块，其中软件结构设计的主要任务是要确定（　　）。

A．模块间的操作细节　　　　　　　　　　B．模块间的相似性
C．模块间的组成关系　　　　　　　　　　D．模块的具体功能

答案：C。

试题 7. 在面向数据流的设计方法中，一般把数据流图中的数据划分为（　　）两种。

A．数据流和事务流　　　　　　　　　　B．变换流和数据流
C．变换流和事务流　　　　　　　　　　D．控制流和事务流

答案：C。

试题 8. 造成软件危机的主要原因是（　　）。
①用户使用不当，②硬件不可靠，③对软件的错误认识，④缺乏好的开发方法和手段，⑤软件本身特点，⑥开发效率低。

A．①②③　　　　　　B．②③④　　　　　　C．③⑤⑥　　　　　　D．④⑤⑥

答案：D。

试题 9. 下列要素中，不属于DFD的是（　　）。当使用DFD对一个工资系统进行建模时，（　　）可以被确定为外部实体。

（1）A．加工　　　　　　　　　　　　B．数据流
　　　C．数据存储　　　　　　　　　　D．联系

（2）A．接收工资单的银行　　　　　　B．工资系统源代码程序

　　　　C．工资单　　　　　　　　　　D．工资数据库的维护

答案：D、A。

试题 10．软件开发模型用于指导软件开发。其中演化模型用于在快速开发一个
（　　）的基础上逐渐演化成最终的软件。螺旋模型综合了（　　）的优点，并增加了
（　　）。

（1）A．模块　　　　　　　　　　　B．运行平台

　　　　C．原型　　　　　　　　　　　D．主程序

（2）A．瀑布模型和演化模型　　　　　B．瀑布模型和喷泉模型

　　　　C．演化模型和喷泉模型　　　　D．原型和喷泉模型

（3）A．质量评价　　　　　　　　　　B．进度控制

　　　　C．版本控制　　　　　　　　　D．风险分析

答案：C、A、D。

试题 11．在选择开发方法时，有些情况不适合使用原型法。以下选项中不能使用快
速原型法的情况是（　　）。

A．系统的使用范围变化很大　　　　　B．系统的设计方案难以确定

C．用户的需求模糊不清　　　　　　　D．用户数据资源缺乏组织和管理

答案：D

试题 12．原型化方法是一类动态定义需求的方法，（　　）不是原型化方法所具有
的特征。与结构化方法相比，原型化方法更需要（　　）。衡量原型开发人员能力的重要
标准是（　　）。

（1）A．提供严格定义的文档　　　　　B．加快需求的确定

　　　　C．简化的项目管理　　　　　　D．加强用户参与和决策

（2）A．熟练的开发人员　　　　　　　B．完整的生命周期

　　　　C．较长的开发时间　　　　　　D．明确的需求定义

（3）A．丰富的编程技巧　　　　　　　B．灵活使用开发工具

　　　　C．很强的协调组织能力　　　　D．快速获取需求

答案：A、B、D。

试题 13．采用瀑布模型进行系统开发的过程中，每个阶段都会产生不同的文档。以

下关于产生这些文档的描述中，正确的是（　　）。

A．外部设计评审报告在概要设计阶段产生

B．集成测评计划在程序设计阶段产生

C．系统计划和需求说明在详细设计阶段产生

D．在进行编码的同时，独立设计单元测试计划

答案：D。

试题 14．软件开发的螺旋模型综合了瀑布模型和演化模型的优点，还增加了（　　）。

A．版本管理　　　　B．可行性分析　　　　C．风险分析　　　　D．系统集成

答案：C。

试题 15．概要设计是软件系统结构的总体设计，以下选项中不属于概要设计的是（　　）。

A．把软件划分成模块　　　　　　　B．确定模块之间的调用关系

C．确定各个模块的功能　　　　　　D．设计每个模块的伪代码

答案：D。

试题 16．可移植性指软件从一个运行环境下转移到另一环境下的难易程度。为增强软件的可移植性，应注意（　　）。

A．使用方便性　　　B．简洁性　　　　C．可靠性　　　　D．设备不依赖性

答案：D。

试题 17．软件能力成熟度模型（Capability Maturity Model for Software，CMM）将软件过程的成熟度分为5个等级。以下选项中，属于可管理级的特征是（　　）。

A．工作无序，项目进行过程中经常放弃当初的计划

B．建立了项目级的管理制度

C．建立了企业级的管理制度

D．软件过程中活动的生产率和质量是可度量的

答案：D。

试题 18．CMM 描述和分析了软件过程能力的发展与改进的程度，确立了一个软件过程成熟程度的分级标准。

在初始级，软件过程定义几乎处于无章法可循的状态，软件产品的成功往往依赖于

个人的努力和机遇。

在（　　），已建立了基本的项目管理过程，可对成本、进度和功能特性进行跟踪。

在（　　），用于软件管理与工程两个方面的软件过程均已文档化、标准化，并形成了整个软件组织的标准软件过程。

在已管理级，对软件过程和产品质量有详细的度量标准。

在（　　），通过对来自过程、新概念和新技术等方面的各种有用信息的定量分析，能够不断地、持续地对过程改进。

（1）A. 可重复级　　　　　　　　　B. 管理级

　　　C. 功能级　　　　　　　　　　D. 成本级

（2）A. 标准级　　　　　　　　　　B. 已定义级

　　　C. 可重复级　　　　　　　　　D. 优化级

（3）A. 分析级　　　　　　　　　　B. 过程级

　　　C. 优化级　　　　　　　　　　D. 管理级

　　答案：A、B、C。

试题 19. 软件的互操作性是指（　　）。

A. 软件的可移植性　　　　　　　　B. 人机界面的可交互性

C. 连接一个系统和另一个系统所需的工作量　　D. 多用户之间的可交互性

　　答案：D。

试题 20. 用于辅助软件开发、运行、维护、管理、支持等过程中的活动的软件称为软件开发工具，通常也称为（　　）工具。

A. CAD　　　　　　　B. CAI　　　　　　　C. CAM　　　　　　　D. CASE

　　答案：D。

试题 21. 请说出 7 类信息系统。

　　答案：事务处理系统、管理信息系统、决策支持系统、主管信息系统、专家系统、通信和协作系统和办公自动化系统。

试题 22. 电子商务和电子业务有什么区别？

　　答案：电子商务是指使用因特网购买和销售商品及服务，电子业务是指使用因特网进行日常的商务活动。

试题 23． 什么是数据需求？

答案： 数据需求是用户数据以实体、属性、关系和规则形式的表述。

试题 24． 什么是过程需求？

答案： 过程需求是用于某个业务过程及其信息、信息系统的处理需求的用户理解。

试题 25． 在将 ER 模型向关系模型转换的过程中，若将 3 个实体之间的多对多联系转换为关系模式，则该关系模式的关键字为（ ）。

A．任意两个实体的关键字的组合　　　B．任意一个实体的关键字

C．各实体的关键字的组合　　　　　　D．某实体的其他属性

答案： C。

3.9.6　搜狐软件测试工程师笔试真题及答案

试题 1． 下列哪个覆盖的范围最广？条件、条件组合、语句、判定条件。

答案： 条件组合。

试题 2． Java Web 应用的 3 层结构是什么？

答案： 浏览器/中间层（Java ASP 等程序）/后台数据库服务器。

试题 3． Cookie 和 Session 是什么意思？有什么区别？

答案： Session 是由应用服务器维持的服务器的存储空间，用户在连接服务器时，会由服务器生成唯一的 SessionID，以该 SessionID 为标识符来使用服务器的 Session 存储空间。而 SessionID 数据保存在客户端，由 Cookie 保存，用户提交页面时，会将 SessionID 提交到服务器，来存取 Session 数据。这一过程是不用开发人员干预的。所以，一旦客户端禁用 Cookie，那么 Session 会失效。

服务器也可以通过 URL 重写的方式来传递 SessionID 的值，因此不是完全依赖 Cookie。如果客户端禁用 Cookie，则服务器可以自动通过重写 URL 的方式来保存 Session 的值，并且这个过程对程序员"透明"。

即使不写 Cookie，使用 request.getCookies()取出的 Cookie 数组的长度也是 1，而 Cookie 的名字就是 JSESSIONID，它还有一个很长的二进制字符串——SessionID 的值。

Cookie 是客户端的存储空间，由浏览器来维持。

试题 4．负载测试、可靠性测试、可用性测试的定义有什么区别？

答案：负载测试通过逐步增加系统负载测试系统性能的变化，并最终确定在满足性能指标的情况下，系统所能承受的最大负载量。

可靠性测试通过在代表性的环境中执行软件，以证实软件需求是否正确满足，为进行软件可靠性估计采集准确的数据。估计软件可靠性一般可分为 4 个步骤，即数据采集、模型选择、模型拟合及软件可靠性评估。数据采集是整个软件可靠性估计工作的基础，数据的准确度关系到软件可靠性评估的准确度。通过软件可靠性测试可找出所有对软件可靠性影响较大的错误。

可用性测试用于测试设计方案或者产品在一定的环境下的可用性水平。

试题 5．测试过程中，开发人员认为某种错误不是 bug 怎么办？

答案：首先要正确理解出现的错误是 bug 还是软件缺陷，如果是软件缺陷，最好直接找部门经理，然后由部门经理与开发部经理协调。如果是 bug，应当弄清 bug 出现的原因，整理成报告并发送给相应的开发人员。如果相应的开发人员不改正，交由部门经理处理。

试题 6．在 Linux 操作系统下安装 foo.rmp，写出安装、卸载命令。怎么查看挂载状态、磁盘情况、端口？怎么安装 tar.gz 包？

答案：安装命令是 rpm -ivh。

卸载命令是 rpm -e [package name]。

查看挂载状态的命令是 mount。

查看磁盘使用情况的命令是 df。

查看端口的命令是 netstat -anlp。

tar.gz 包的安装命令如下。

```
tar -zxvf tar.gz
./configure
Make
Make install
```

试题 7．列举几个主流协议。

答案：DNS 协议、FTP、HTTP、POP3 协议。

3.9.7　手机测试工程师应届生笔试真题及答案

试题 1．软件测试的两大目的是什么？

答案：找出 bug、预防缺陷。

试题 2．台式机、笔记本电脑、手机、大型数据服务器、MP3 播放器、MP4 播放器这几种设备的共同点是什么？不同点又是什么？

答案：共同点为都是硬件、软件载体；不同点为性能不同、使用环境不同。

试题 3．你手中有一个可口可乐公司出品的罐装零度可口可乐，如果要进行测试，你的测试方法是什么？

答案：要进行功能测试，可拉开盖后查看边缘是否光滑。

性能测试方式包括摇晃、冰冻。

试题 4．有 3 个不同的信箱，要把 4 封不同的信投入其中，共有多少种不同的投法？

答案：3×3×3×3=81（种）。

试题 5．请用一笔画出 4 根直线，将图 3.13 所示的 9 个点全部连接。

答案：答案如图 3.14 所示。

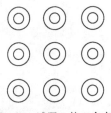

图 3.13　试题 5 的 9 个点

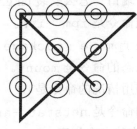

图 3.14　试题 5 答案

试题 6．如果让带领了一个 5 人的团队，团队接到了一个很紧急的项目，工作量超出了团队的能力（例如，团队每人每天的工作量是 5，这个项目中要完成的工作量为 130，需要 4 天完成），你会怎么处理？有什么计划？

答案：（1）立刻找权限更高的领导，询问能否从其他团队调派人员。

（2）考虑外包。

试题 7．作为一个工程师，若分给你的任务中有一些你从来都没接触过的工作，并且需要快速完成，你会选择什么样的方法解决这个问题？

答案：用问题驱动学习的方法去解决。

3.9.8 蓝港在线测试工程师面试真题及答案

试题 1. 列出文件详细信息的命令和修改文件权限的命令分别是什么？

答案： ls 与 chmod。

试题 2. Linux 中统计目录下文件个数的命令是什么？

答案： ls|wc -l。

试题 3. 简述软件生命周期。

答案： 需求分析、开发、测试、测试回归、上线。

试题 4. 简述测试流程，以及每阶段输出的文档。

答案： 测试流程包括了解需求、测试、上线。在了解需求阶段，输出测试用例；在测试阶段，输出测试报告；在上线阶段，输出验收报告。

试题 5. 给出一个注册界面，简述测试过程。

答案： 控件测试、页面跳转测试。

3.9.9 华为软件测试笔试和面试真题及答案

试题 1. 请分别写出 OSI 7 层模型和 TCP/IP 4 层模型中的层。

答案： OSI 7 层模型从上到下依次是应用层、表示层、会话层、传输层、网络层、数据链路层、物理层，TCP/IP 4 层模型从上到下依次是应用层、运输层、网络层、网络接口层。

试题 2. 请详细解释 IP 的定义，它在哪个层上？主要有什么作用？TCP 与 UDP 呢？

答案： IP 在网络层，UDP（User Datagram Protocol，用户数据报协议）、TCP 在传输层。TCP/IP 是 Transmission Control Protocol/Internet Protocol 的缩写，意思是"传输控制协议/网际协议"。TCP/IP 之所以流行，部分原因是它可以用在各种各样的信道和底层协议（例如，T1 和 X.25、以太网及 RS-232 串行接口）之上。确切地说，TCP/IP 是一组包括 TCP 和 IP、UDP、ICMP（Internet Control Message Protocol）和其他协议的协议组。TCP/IP 并不完全符合 OSI 7 层模型。UDP 是 OSI 7 层模型中一个无连接的传输层协议，用于在应用程序之间无连接地传输数据。

试题 3. 全局变量和局部变量有什么区别？是怎么实现的？操作系统和编译器是怎么知道的？

答案： 它们之间的主要区别是变量的作用域不同。全局变量在全局范围内都有效，而局部变量只在声明此变量的作用域内有效。全局变量是属于实例的，在初始化对象的时候初始化，生命周期与该实例相同。之所以称为全局变量，是因为该实例中的所有方法或属性都可以引用。局部变量在实例方法内或 Static 块中，其生命周期从调用该方法到该方法退出，并且只有该方法能够引用。全局变量和局部变量的另一个区别是在存储器中的位置不同，具体来说，全局变量存储在数据段中；局部变量一般存储在栈中。

操作系统和编译器通过内存分配的位置知道全局变量分配在全局数据段，并且在程序运行时就加载。

编译器通过语法、词法的分析，判断变量是全局变量还是局部变量。如果变量是全局变量，编译器在将源代码翻译成二进制代码时就为全局变量分配一个虚拟地址（Windows 系统中 0x00400000 以上的地址，即全局区）。所以，程序对全局变量的操作就是对一个硬编码的地址的操作。

对于局部变量，编译时不分配空间，而是以相对于 ebp 或 esp 的偏移量来表示局部变量的地址。所以，局部变量占用的内存在局部变量所在的函数被调用时才真正分配。以汇编的角度来看，函数运行时，在栈中为局部变量分配内存，函数调用完毕后，释放局部变量对应的内存。另外，可以直接在寄存器中为局部变量分配内存。

操作系统通过变量的分配地址就可以判断变量是局部变量和全局变量。

试题 4. 白盒测试和黑盒测试、回归测试分别是什么？

答案： 白盒测试是指根据代码实现设计测试用例，黑盒测试是指根据业务逻辑来设计测试用例，回归测试是指在开发者修复完 bug 后进行测试用例回归。

试题 5. 单元测试、集成测试、系统测试的侧重点是什么？

答案： 单元测试的侧重点是内部逻辑是否正确，集成测试的侧重点是与外部的衔接是否正确，系统测试的侧重点是整个系统的流程是否通畅。

试题 6. 简述你用过的测试工具的主要功能。

答案： 测试用例管理、bug 管理。

试题 7. 一个缺陷测试报告的组成有哪些？

答案：缺陷编号、操作、结果、预期结果、错误原因、如何修复等。

试题 8. 基于 Web 信息管理系统测试时应考虑的因素有哪些？

答案：功能、性能、安全性等。

试题 9. 软件测试项目从什么时候开始？为什么？

答案：从需求确定时就开始。尽早了解项目对测试有帮助。

试题 10. 简述缺陷的生命周期。

答案：缺陷提交、缺陷分配、缺陷已修改、缺陷关闭。

3.9.10　瑞星测试工程师笔试和面试真题及答案

试题 1. 因特网中的 E-mail 协议、IE 协议、NAT 协议分别是什么？

答案：E-mail 协议是 POP3、SMTP、IMAP、SMTP。

IE 协议是 HTTP。

NAT 协议是 TCP/IP。

试题 2. 进程、线程的定义及区别是什么？

答案：进程是具有一定独立功能的程序关于某个数据集合上的一次运行活动，是系统进行资源分配和调度的一个独立单位。线程是进程的一个实体，是 CPU 调度和分配的基本单位，它是比进程更小的能独立运行的基本单位。线程基本上不拥有系统资源，只拥有少量在运行中必不可少的资源（如程序计数器、一组寄存器和栈），但是它可与同属一个进程的其他线程共享进程所拥有的全部资源。一个线程可以创建和撤销另一个线程，同一个进程中的多个线程可以并发运行。

试题 3. 软件测试工作是枯燥的，你是如何理解的？黑盒测试、白盒测试、回归测试、软件压力测试的定义分别是什么？

答案：软件测试工作并不枯燥，通过它可以了解不同的业务，还可以进行自动化测试。白盒测试是指根据代码实现设计测试用例，黑盒测试是指根据业务逻辑来设计测试用例，回归测试是指在开发者修复完 bug 后进行测试用例回归。软件压力测试是一种基本的质量保证行为，它是每个重要软件测试工作的一部分。软件压力测试的基本思路很简单，它不在常规条件下运行手动或自动测试，而在计算机数量较少或系统资源匮乏的条件下运行测试。通常要进行软件压力测试的资源包括内部内存、CPU、磁盘空间和网络带宽。

3.9.11　奇虎 360 软件测试工程师面试真题及答案

试题 1．怎样划分缺陷的等级？

答案：1 表示严重，2 表示中等，3 表示不重要。或者，1 表示紧急，2 表示中等紧急，3 表示不紧急。

试题 2．怎样看待软件测试？

答案：略。

试题 3．软件测试是一个什么样的行业？

答案：很有前途、正在发展的行业。

试题 4．已知"图书"表和"作者"表，"图书"表列出了图书号、图书名、作者编号、出版社、出版日期，"作者"表列出了作者姓名、作者编号、年龄、性别。用 SQL 语句查询年龄小于平均年龄的作者姓名、图书名及出版社。

答案：使用以下语句。

```
select 作者姓名,图书名,出版社 from 图书,作者 where 图书.作者编号=作者.作者编号 and 作者.
年龄<(select  average(年龄)from 作者)AVE
```

试题 5．你的职业规划是什么？

答案：前期提升技术水平，3～5 年之后根据自身发展情况和机会，决定走技术还是走管理路线。

试题 6．写出你常用的测试工具。

答案：TestNG、Selenium、JUnit、JMeter 等。

试题 7．你希望以后的软件测试是一个怎样的行业？

答案：我希望它是一个拥有很多高新技术的行业。

试题 8．软件测试项目从什么时候开始？

答案：从软件项目的需求分析开始。

试题 9. 软件测试为什么从需求分析开始？有什么作用？

答案：尽早开始对测试人员了解被测对象有帮助，编写的测试用例会更加全面，并且会降低后期测试引起误解的概率。

3.9.12 北大方正软件测试工程师面试真题及答案

试题 1. 甲、乙二人比赛爬楼梯，已知每层楼梯的高度相同，两人的速度不变，当甲到 3 层时，乙到 2 层。照这样计算，当甲到 9 层时，乙到（　　）层。

A．5　　　　　　B．6　　　　　　C．7　　　　　　D．8

答案：A。

试题 2. 有一份选择题试卷共 6 个小题，其得分标准是答对一道小题得 8 分，答错得 0 分，不答得 2 分。某位同学得了 20 分，则他（　　）。

A．至多答对了 1 道小题　　　　　　B．至少有 3 道小题没答

C．至少答对了 3 道小题　　　　　　D．答错了两道小题

答案：D。

试题 3. 有一只蜗牛要从井底爬出来，井深 20 尺（1 尺 =（1/3）m）。蜗牛每天白天向上爬 3 尺，晚上向下滑两尺。该蜗牛（　　）天才能爬出井口。

A．20　　　　　　B．19　　　　　　C．18　　　　　　D．15

答案：C。

试题 4. （　　）的计算结果最接近 1.25×8 的值？

A．3.3×3　　　　　　B．1.7×6　　　　　　C．1.6×6　　　　　　D．2.1×5

答案：A。

试题 5. 你认为软件测试工程师最应该具备的职业素质是（　　）。

A．编码能力　　　　B．逻辑能力　　　　C．管理能力　　　　D．协调能力

答案：A。

试题 6. 求职面试准备阶段，你认为你最应该（　　）。

A．准备服装　　　　　　　　　　B．复习技术

C．准备简历　　　　　　　　　　D．了解应聘公司背景

答案： D。

试题 7. 入职第一天你最应该（   ）。

A．准备服装   B．准备小礼物   C．调整心态   D．了解上班路线

答案： C。

试题 8. 你最喜欢的领导是（   ）的。

A．温和型   B．情绪型   C．技术型   D．谋略型

答案： C。

试题 9. 判断题（正确的画"√"，错误的画"×"）

（1）好的测试员不懈于追求完美。   （√）

（2）测试程序仅按预期方式运行即可。   （×）

（3）不存在质量很高但可靠性很差的产品。   （×）

（4）软件测试员可以对产品说明书进行白盒测试。   （×）

（5）静态白盒测试可以找出遗漏之处和问题。   （√）

（6）总是首先设计白盒测试用例。   （×）

（7）可以发布具有配置缺陷的软件产品。   （√）

（8）所有软件必须进行某种程度的兼容性测试。   （√）

（9）所有软件都有一个用户界面，因此必须测试易用性。   （×）

（10）测试组负责软件质量。   （×）

试题 10. 软件的缺陷等级应如何划分？

答案： 1 表示不重要，2 表示中等，3 表示严重。或者，1 表示紧急，2 表示中等紧急，3 表示不紧急。

试题 11. 如果能够运行完美的黑盒测试，还需要进行白盒测试吗？为什么？

答案： 需要，进行黑盒测试时测试人员完全不考虑程序内部的逻辑结构和内部特征，只依据程序的需求分析规格说明，以检查程序的功能是否符合它的功能说明。

试题 12. 你认为一个优秀的测试工程师应该具备哪些素质？

答案： 优秀的测试工程师应具有良好的计算机编程基础，具有创新精神和超前意识，不懈努力，追求完美，具有整体观念，对细节敏感，具有团队合作精神，具有责任心、

耐心、细心、信心，具有沟通能力，时时保持怀疑态度，并且有预防缺陷的意识。

试题 13． 产品测试到什么时候就算完成了？
答案： 上线验证好之后。

试题 14． 测试计划的目的是什么？
答案： 识别任务、分析风险、规划资源和确定进度。

试题 15． 软件测试应该划分几个阶段？简述各个阶段的含义及各个阶段应测试的重点。
答案： 软件测试主要分为单元测试、集成测试、系统测试、验收测试。

- 单元测试：对软件中的基本组成单位（如一个模块、一个过程等）进行的测试。它是软件动态测试的最基本、最重要的部分之一，其目的是检验软件基本组成单位的正确性。
- 集成测试：在软件系统集成过程中所进行的测试，其主要目的是检查软件单位之间的接口是否正确。
- 系统测试：对已经集成好的软件系统进行彻底的测试，以验证软件系统的正确性和性能等满足其规约所指定的要求。检查软件的行为和输出是否正确并非一项简单的任务，它称为测试的"先知者问题"。
- 验收测试：旨在向软件的购买者展示该软件系统满足其用户的需求。它的测试数据通常是系统测试的测试数据的子集。

单元测试的重点是测试每个模块，以保证源代码的正确性，单元测试主要用白盒测试方法。

集成测试的重点是判断程序构成是否有问题，系统测试主要采用黑盒测试方法，辅以白盒测试方法。

系统测试的重点验证软件满足所有功能、性能需求，系统测试仅应用黑盒测试方法。

验收测试的重点是验证系统达到了用户的要求，验收测试主要采用 α 测试或 β 测试。

试题 16． 针对缺陷应采取怎样的管理措施？
答案： 提交缺陷报告、分配缺陷报告、处理缺陷报告、返测报告、关闭缺陷报告等。

试题 17． 下面属于动态分析的是（　　　）。
A．代码覆盖率
B．模块功能检查

C．系统压力测试   D．程序数据流分析

答案：B、C、D。

试题 18．下面属于静态分析的是（   ）。

A．代码规则检查   B．程序结构分析

C．程序复杂度分析   D．内存泄漏

答案：A、B、C。

3.9.13 阿里巴巴测试工程师面试真题及答案

试题 1．你最熟悉的一个项目是怎么做的？具体用了什么方法和测试工具？

答案：最近上了一个视频广告投放项目，我们用敏捷的方式跟进项目。前端用 Selenium 进行用例自动化测试，后端用 TestNG 进行接口自动化测试。自动化测试主要用在回归上。

试题 2．简述整个项目的测试流程和 bug 管理流程。

答案：在项目初期，参与需求评审，了解需求；在开发阶段，准备测试用例、测试数据；测试开始前，进行一次测试用例评审，定稿；接下来分别是测试执行，测试回归，上线。

发现 bug 后，提交到系统中，并分配给相应开发者；修复后，测试回归检查，关闭 bug。

试题 3．描述一个 bug 的生命周期。

答案：提交 bug→分配 bug→确认 bug→修复 bug→回归 bug→关闭 bug。

试题 4．描述自己在项目中发现的最有意义的一个 bug 是什么导致的。

答案：略。

试题 5．LaodRunner 如何分析系统瓶颈？都要检测哪些系统指标？

答案：参考 3.4.1 节。

试题 6．bug 描述中都包括哪些内容？

答案：标题、描述操作、结果、预期结果、原因分析、如何修改、bug 等级、bug 修复人、bug 状态。

3.9.14　百度软件测试笔试真题及答案

试题 1. 描述一次网络交互的过程（如在百度首页进行一次搜索的过程）。

答案：其中包括页面、浏览器、后端服务间的关系，以及 HTTP 请求包内容、Web Server 等。

试题 2. strcpy()和 memcpy()的区别。

答案：strcpy()只能复制字符串，以\0 为标志结束。strcpy 的原型如下。

```
char *strcpy(char *dest, const char *src)//注意类型是 char
```

strcpy 从源（src）所指的内存地址的起始位置开始复制 n 字节到目标 dest 所指的内存地址的起始位置中，而不管复制的内容是什么（不仅限于字符）。

memcpy 可以复制任意类型的内容。memcpy()的原型如下。

```
void *memcpy(void *dest, const void *src, size_t n);//注意是 void
```

试题 3. 门禁系统测试的内容有哪些？

答案：外观设计、功能实现、异常处理、性能等方面。

试题 4. 对于分布式系统的性能测试，如何做系统性能评估、性能瓶颈与性能指标分析？

答案：具体步骤如下。

（1）建立系统环境模型，最大限度地模拟实际情况，无法模拟时应采取相应方式规避。

（2）采取分块法抽离子系统，对相同消耗型的模块（子系统）进行分析。定位可能存在系统瓶颈的地方，采取多种方法观察日志、性能指标。

（3）当无法明确外界反馈时，采取内部原理分析机制。最终解决方案是分块尝试，找出每个子系统或者模块的瓶颈。

（4）定位单个系统的性能瓶颈。根据压力方式，选择瞬间压力与稳步上升压力。根据长短连接方式，选择压力方式，关注系统性能指标。

（5）最终瓶颈由最弱的子系统与模块确定（此时会需要面试者给出优化方案）。考虑几种方式，如多线程方式、缩减内存消耗方式（一般通过优化数据结构与数据处理方式可以解决）、部署方式（不同消耗型模块统一部署、充分利用资源等）。

试题 5. 测试设计如何考虑？你了解哪几种相关测试方法？如何评估测试覆盖率？对于条件覆盖、路径覆盖是否需有关尝试？如何进行？（测试方法可以结合面试者项目及百度的项目而定）

分析： 测试设计主要考查面试者的大局观及思路是否清晰。测试方法主要考查面试者的知识面广度，通常情况下只要给出一些具体的实际思路与想法即可。关于条件覆盖与路径覆盖的问题考查面试者对于测试对象本身的理解程度、对于测试分析的认识是否到位，通常会结合具体代码让面试者给出具体的条件覆盖分析与路径覆盖分析。

答案： 略。

试题 6. 简述自动化测试方面做过的工作，及用过或者开发过的自动化测试框架。

分析： 主要考查面试者对于自动化测试的理解，以及了解深度。关于自动化测试框架，主要从数据如何维护、基于何种测试方法、效果覆盖率如何评估、实现的环境语言等方面分析。

答案： 略。

试题 7. 写出登录页面的测试用例。

答案： 包括功能、界面、兼容性（浏览器）、特殊字符、性能（压力测试）、安全性（SQL 注入、猜密码等）等。

试题 8. 编写 sort(char *s)函数，将字符串 s 排序，分析时间复杂度、空间复杂度、稳定性。

答案： 常用算法如表 3.4 所示，最优算法是计数排序。具体代码略。

表 3.4　　　　　　　　排序算法时间、空间、稳定性分析

算法	时间复杂度	空间复杂度	是否稳定
冒泡排序	$O(n^2)$	$O(1)$	是
选择排序	$O(n^2)$	$O(1)$	否
快速排序	$O(n \log_2 n)$	$O(\log_2 n)$	否
堆排序	$O(n \log_2 n)$	$O(1)$	否
计数排序	n	$O(1)$	是

试题 9. 已知一个数组中，有一个数字出现的次数大于该数组长度的 1/2，要求遍历

一遍数组，得到这个数字。

答案：设置两个临时变量 x 和 y，初始时，y 为 0。遍历过程如下。

```
if ( 0 == y )  x = 当前数组元素; y++; continue;
if( x == 当前数组元素) y++; continue;
if(x != 当前数组元素) y--;
```

遍历完成后，x 中存储的就是所求数字。

试题 10．写一个性能监控脚本。要求以特定时间间隔（如 3s）采集计算机或特定进程的资源（如 CPU、内存）占用情况。

答案：脚本如下。

```
#!/bin/bash
INTER=3
PROGNAME="进程名"
REPFILE="报告名"

date +"%Y-%m-%d %H:%M:%S" >$REPFILE
while [ 1 ];do
    monline='ps -ef | grep "$PROGNAME" | grep -v grep | awk '{print $3,$6}''
    cpu='echo $monline | awk '{print $1}'
    mem_rss='echo $monline | awk '{print $2}'
    echo "$cpu $mem_rss" >> $REPFILE
    sleep $INTER
done
```

试题 11．Java 中，sleep()方法和 wait()方法有什么区别？

答案：sleep()方法是使线程停止一段时间的方法。在 sleep()指定的时间间隔过后，线程不一定立即恢复执行。因为在那个时刻，其他线程可能正在执行而且不准备放弃执行，除非"醒来"的线程具有更高的优先级或正在执行的线程出于其他原因而阻塞。wait()方法是指线程交互时，如果线程对一个同步对象 x 发出一个 wait()方法调用，该线程会暂停执行，被调对象进入等待状态，直到被唤醒或等待时间到。

试题 12．堆和栈的区别是什么？它们的变量有效期分别是什么？

答案：申请方式不同，栈是自动申请、释放的，堆是手动申请、释放的。栈的有效期至函数结尾，堆有效期到被释放为止。

试题 13．使用 Linux 命令输出一个多行多列文件中除第 3 列以外的内容。

答案：命令如下。

```
awk'{$3="";print $0}'filename
```

3.9.15　2016 年网易测试工程师笔试和面试真题及答案

试题 1．白盒测试使用的测试方法包括哪些？

答案：白盒测试的测试方法有代码检查法、静态结构分析法、静态质量度量法、逻辑覆盖法、基本路径测试法、域测试法、符号测试法、路径覆盖法以及程序变异法。

试题 2．Linux 操作系统中 kill -9 表示的意义是什么？

答案：kill 命令的格式为 kill -signal pid。其中，pid 是进程号，可以用 ps 命令查看；signal 是发送给进程的信号，数字 9（或 TERM）表示"无条件终止"。

试题 3．说明黑盒测试中各方法的不同点。

答案：黑盒测试用例设计方法包括等价类划分法、边界值分析法、错误推测法、因果图法、判定表驱动法、正交试验设计法、功能图法、场景法等。

等价类划分法是把程序的输入域划分成若干部分（子集），然后从每个部分中选取少数代表性数据作为测试用例的方法。每一类的代表性数据在测试中的作用等价于这一类中的其他值。该方法是一种重要的、常用的黑盒测试用例设计方法。

错误推测法是基于经验和直觉推测程序中所有可能存在的错误，从而有针对性地设计测试用例的方法。

边界值分析法是选择等价类的边界的测试用例设计方法。边界值分析法不但重视输入条件的边界，而且必须考虑输出域的边界。它是对等价类划分法的补充。

正交试验设计法就是使用已经做好的正交表格来安排试验并进行数据分析的一种方法，目的是用最少的测试用例达到最高的测试覆盖率。

试题 4．对于逻辑表达式 $A\&\&B||C$，要设计几组测试用例？

答案：6 组。具体设计如下。

A=true，B=true，C=true。

A=false，B=true，C=true。

A=false，B=false，C=true。

A=false，B=false，C=false。

A=true，B=false，C=false。

A=true，B=true，C=false。

试题 5. 对于 5 枚硬币，要求两两接触，应如何排放？画图说明。

答案：答案如图 3.15 所示。

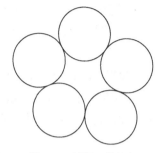

试题 6. 有 100 人参加答题，第 1 题有 81 人答对，第 2 题有 91 人答对，第 3 题有 85 人答对，第 4 题有 79 人答对，第 5 题有 74 人答对。答对 3 题及以上的人视为及格，至少有多少人及格？

分析：相当于总共答了 100 道×5=500 道。答对的题有 81 道+91 道+85 道+79 道+74 道=410 道，因此答错的题有 500 道−410 道=90 道。

图 3.15　试题 5 的答案

题目问至少多少人及格，那么当不及格的人最多时，即符合题意。

答错 3 道即为不及格，因此不及格的人数最多为 90÷3=30，及格的人数至少有 100−30=70。

答案：至少有 70 人及格。

试题 7. 选择你熟悉的语言，求字典的交集和并集。

答案：利用 Python 实现。

```
a = set(xrange(1000))
b = set(xrange(500, 1500))
union = a | b
inter = a & b
```

试题 8. 用 Python 随机产生一段英文字母。

答案：代码如下。

```
import random
for i in range (11):
    for j in range(10):
        ij = random.randint(65, 90) + random.randint(0, 1) * 32
        print(chr(ij) ,end=' ')
    print()
```

试题 9. 编写关于纸杯的测试用例。

答案：从外观上，测试纸杯的容量、形状、高矮等。

从性能上，测试气味大小、是否可以装 100℃水、是否可以装 0℃水等。

从功能上，测试是否可以装水、碱性饮料、酸性饮料等。

试题 10. 数据库的左连接与右连接的区别是什么？

答案： 左连接（left join）返回左表中的所有记录和右表中连接字段相等的记录。

右连接（right join）返回右表中的所有记录和左表中连接字段相等的记录。

试题 11. 针对一个网页的 HTTP 请求，如何验证格式和数据？怎样设计相应的测试用例？

答案： 对于 HTTP 请求，现在有很多现成的在线测试工具。根据网页请求类型（GET 或者 POST 类型），通过在线测试工具验证格式和数据。测试用例根据参数分类来设计。

3.9.16　2017 年滴滴出行面试真题及答案

试题 1. 内存页式管理方式中，首先淘汰在内存中空闲（未被修改或读取）时间最长的帧，这种替换策略是（　　）。

A．先进先出（FIFO）　　　　B．最近最少使用（LRU）法

C．优先级调度　　　　　　　D．轮转法

答案： B。

试题 2. 进程 $P1$ 依次申请资源 $S1$，申请资源 $S2$，释放资源 $S1$，进程 $P2$ 依次申请资源 $S2$，申请资源 $S1$，释放资源 $S2$，若系统并发执行进程 $P1$ 和 $P2$，系统（　　）。

A．必定产生死锁　　　　　　B．可能产生死锁

C．不会产生死锁　　　　　　D．无法确定是否会产生死锁

答案： B。

试题 3. 关于引用和指针，下面说法不正确的是（　　）。

A．引用和指针在声明后都有自己的内存空间

B．引用必须在声明时初始化，而指针不用

C．引用声明后，引用的对象不可改变，对象的值可以改变，指针可以随时改变指向的对象及对象的值

D．空值 NULL 不能引用，而指针可以指向 NULL

分析： 引用没有自己的内存空间，但指针有自己的内存空间。

答案： A。

试题 4. 关于排序，下面说法不正确的是（　　）。

A．快速排序算法的时间复杂度为 $O(N\log_2 N)$，空间复杂度为 $O(\log_2 N)$

B．归并排序是一种稳定的排序，堆排序和快速排序均不稳定

C．序列基本有序时，快速排序退化成冒泡排序，通过直接插入元素排序速度最快

D．归并排序算法的空间复杂度为 $O(N)$，堆排序算法的空间复杂度为 $O(\log_2 N)$

分析：归并排序和堆排序算法的空间复杂度均为 $O(1)$，归并排序算法的时间复杂度为 $O(1)$。

答案：D。

试题 5．用二进制来编码字符串"abcdabeaa"，要求根据编码，能够解码回原来的字符串，二进制字符串的长度至少为（　　　）。

A．17　　　　　　　B．18　　　　　　　C．19　　　　　　　D．29

分析：按照哈夫曼编码解码。

答案：C。

试题 6．TCP 关闭过程中，主动关闭方不可能处于的状态是（　　　）。

A．FIN_WAIT_1　　　B．FIN_WAIT_2　　　C．CLOSE_WAIT　　　D．TIME_WAIT

答案：C。

试题 7．已知二叉树的前序序列为 BCDEFAG，中序序列为 DCFAEGB，则后序序列为（　　　）。

A．DAFEGCB　　　B．DAEGFCB　　　C．DAFGECB　　　D．DAEFGCB

答案：C。

试题 8．请选择下面程序的输出。（　　　）

```
#include <iostream>
using namespace std;
unsigned intGetTestNum(){
    static unsigned inta= 0;
    staticunsigned int b= 1;
    int c= a + b;
    a = b;
    b = c;
    return c;
}
int main(int argc, char* argv[]) {
    for(int i= 0; i < 9; i++) {
        GetTestNum();
    }
```

```
        cout << GetTestNum()<< endl;
}
```

A．1　　　　　　　　B．144　　　　　　　　C．89　　　　　　　　D．55

分析：static 修饰的值在运行期间只有一个副本。

答案：C。

试题 9．图 3.16 描述了某子程序的处理流程，现要求用白盒测试对子程序进行测试。根据白盒测试常用的几种覆盖标准（语句覆盖、判定覆盖、条件覆盖、判定/条件覆盖、多重条件覆盖（条件组合覆盖）、路径覆盖），从可供选择的答案中分别找出满足相应覆盖标准的最小的测试数据组并简述各种测试方法。条件覆盖是指选择足够的测试用例，使得运行这些测试用例时，判定中的每个条件的所有可能结果至少出现一次。请选择能够满足条件覆盖的选项。（　　）

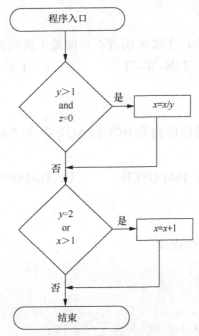

图 3.16　某小程序的处理流程

A．$x=3$ $y=3$ $z=0$; $x=1$ $y=2$ $z=1$

B．$x=1$ $y=2$ $z=0$; $x=2$ $y=1$ $z=1$

C．$x=4$ $y=2$ $z=0$; $x=3$ $y=3$ $z=0$; $x=2$ $y=1$ $z=0$; $x=1$ $y=1$ $z=1$

D．$x=4$ $y=2$ $z=0$; $x=1$ $y=2$ $z=1$; $x=2$ $y=1$ $z=0$; $x=1$ $y=1$ $z=1$

E．$x=4$ $y=2$ $z=0$

F．$x=4$ $y=2$ $z=0$; $x=1$ $y=1$ $z=1$

答案：A。

试题 10．在以下代码中，如果 $x=254$，则函数返回值为（　　）。

```
int func(int x){
    int countx= 0;
    while(x)
    {
        countx++;
        x= x&(x-1);
    }
    return countx;
}
```

A．6　　　　　　　　B．7　　　　　　　　C．8　　　　　　　　D．0

分析：x = x&(x-1) 表示求 x 的二进制表达式有多少个 1；若改成 x =x|(x-1)，则表示求 x 的二进制表达式有多少个 0。

答案：B。

试题 11．在进程状态转换时，（　　）是不可能发生的。

A．等待态→运行态　　　　　　　　B．运行态→就绪态

C．运行态→等待态　　　　　　　　D．就绪态→运行态

分析：正在运行的进程遇到 I/O 请求就会阻塞（等待）；阻塞（等待）的进程得到 I/O 设备就会转换成就绪状态；在 CPU 的调度下，会给就绪状态的进程分配时间片；分配到时间片后就会执行进程。对于正在执行的进程，如果它的时间片用完了，就会转换成就绪状态。

答案：A

试题 12．如果 i=5，那么 a=(++i)--之后，a 和 i 的值分别是（　　）。

A．6，6　　　　　　B．5，6　　　　　　C．6，5　　　　　　D．5，5

分析：(++i) 的值为 6，i 的值变为 6；(++i)-- 的值为 6（先赋值再减 1），i 的值变为 5。

答案：C。

试题 13．DNS 协议位于 OSI 7 层模型中的（　　）。

A．应用层　　　　　B．网络层　　　　　C．传输层　　　　　D．会话层

答案：A。

试题 14. 下列算法中不属于稳定排序法的是（　　）。

A．插入排序法　　　　B．冒泡排序法　　　　C．快速排序法　　　　D．归并排序法

答案：C。

试题 15. 若以二叉树的根节点作为第 1 层节点，则第 9 层最多有（　　）个节点。

A．18　　　　　　　B．256　　　　　　　C．128　　　　　　　D．64

分析：满二叉树的每层节点个数是 2^{k-1}，所以有 2^8=256。

答案：B

试题 16. 下列描述中，正确的一共有（　　）个。

（1）const char *p 是一个常量指针，p 的值不可修改。

（2）在 64 位系统下，若 char*p="abcdefghijk"，则 sizeof(p) 为 12。

（3）内联函数会检查函数参数，所以调用开销显著大于宏。

（4）重载是编译时确定的，虚函数是运行时绑定的。

A．1　　　　　　　　B．2　　　　　　　　C．3　　　　　　　　D．4

分析：指针指向的值不可修改，p 的值可以修改，因此（1）不正确。

对于 32 位编译器，32 位系统下指针占用 4 字节；对于 64 位编译器，64 位系统下指针占用 8 字节，因此（2）不正确。

内联函数的调用开销不大于宏，因此（3）不正确。

只有（4）是正确的。

答案：A。

试题 17. 关于 Linux 文件系统的软链接文件和硬链接文件，下面描述不正确的是（　　）。

A．软链接文件可以指向另外一个文件系统的文件

B．硬链接文件会增加被指向文件的引用计数

C．删除被指向文件时，对应的软链接文件会失效

D．删除被指向文件时，对应的硬链接文件会失效

答案：D。

试题 18. 下列描述中，错误的是（　　）。

A．文件系统 I/O 自带缓冲区，以减少对磁盘文件的访问，提高系统性能

B．通过 select 和 epoll 能同时监听处理多个 I/O 事件

C．使用 Linux 进程间通信（Inter-Process Communication，IPC）中的 pipe 机制，从生产者写入数据到消费者消费数据，依次要经过生产者用户空间到生产者内核控件的复制，生产者内核空间到消费者内核空间的复制，消费者内核空间到消费者用户空间的复制

D．C 标准 I/O 库自带缓冲区，以减小 fread() 或 fwrite() 等带来的系统开销

答案：C。

试题 19．以下函数的作用是（　　　）。

```
int func(int num, int i) {
    int tmp = ~((1 << (i + 1)) -1);
    return num & tmp;
}
```

A．检查 num 的第 *i* 位是否为 0

B．将 num 的位数据取反

C．将 num 的最高位到第 *i* 位（包含 *i* 位）清零

D．将 num 的第 *i* 位到第 0 位（包含第 0 位）清零

答案：D。

试题 20．滴滴出行平台的出租车、快车、专车等业务都是基于地理位置的服务，乘客下单后，附近的司机很快能够收到订单。图 3.17 所示是简化版的分单模型设计。

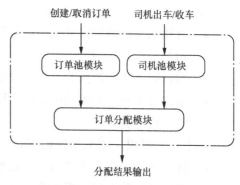

图 3.17　简化版的分单模型设计

- 乘客创建订单时，会将订单信息写入订单池；若取消订单，则删除。司机出车时，将司机信息写入司机池；收车时，删除。
- 订单分配模块会拉取订单和司机的信息，其中包含地理位置信息。根据位置进行匹配，最终为司机分配距自己 5km 内的订单。

请根据以上信息，分析该系统中各模块的功能及特点，简述对该系统进行功能和性能测试的方法。

答案：订单池模块的功能如下。

- 包含用户的基本信息，如用户名、用户电话、所在位置、可选车的类型（出租车、私家车或其他车型）等。
- 允许多用户同时登录，用户间互不影响。

- 创建订单时需要填写上车的位置、目的地地址、预约时间及车型，在规定时间内可取消订单。
- 订单创建后，将信息传递给订单分配模块。若成功取消订单，则订单池中的订单信息被删除。

特点：允许多用户同时登录，具有数据写入、删除和传递功能。

司机池模块的功能如下。

- 包含司机的基本信息，如司机名、司机电话、所在位置、所开车的类型（出租车、私家车或其他车型）和车牌号、是否空车等。
- 允许多用户同时登录，用户间互不影响。
- 接受订单后，在司机池写入出车信息；订单完成后，在司机池写入收车信息。

特点：允许多用户同时登录，具有数据写入、删除和传递功能，与订单池类似。

订单分配模块的功能是拉取订单和司机的信息，其中包含地理位置信息。根据位置进行匹配，最终为司机分配距自己 5km 内的订单。

特点：该模块是订单池和司机池的控制和分配中心，负责两者信息的匹配与调度。

测试包括功能测试与性能测试。

首先，进行功能测试。

关于登录模块，测试用例如下。

- 对输入（账号和密码）进行等价类和边界值分析相结合的用例测试，检测用户和司机能否成功登录。
- 测试登录界面的风格与整体是否相融合、有无错别字等。
- 单击文本框，能成功选中，并且鼠标指针由箭头转换为在相应文本框中开始位置的竖线光标。

关于订单模块，测试用例如下。

- 订单界面包含需求说明书上的所有功能按钮，且链接正常，可成功转到相应界面。
- 测试用户的上车位置信息是由 GPS 定位还是手动输入。
- 填写完所有信息后，"订单创建"按钮高亮，单击后出现"订单已创建成功，正等待司机接收"的提示信息。
- 司机接受订单后会弹出相应提示，告知用户司机的一些基本信息，如司机当前所在位置、到达所需时间等。
- 订单提交后，能在司机接受前取消订单。

关于司机模块，测试用例如下。

- 登录后可选择出车或收车状态。
- 可以成功接受订单，接受订单后可获得用户的一些基本信息，如名字、电话、所在位置及目的地地址等。

关于订单分配模块，测试用例如下。

- 可以获取订单池和司机池的订单与出车信息。
- 可以根据位置对两边的信息进行匹配，并给司机分配订单。
- 订单被司机接受之后，向用户反馈司机的信息。

然后，进行性能测试。

- 测试由登录界面进入系统要多久。
- 测试订单池最多能容纳多少个用户的订单，司机池最多能容纳多少个司机的信息。
- 测试在同一时刻，最多允许多少个用户登录。
- 测试用户登录后，能在系统中保持多长时间。
- 测试是否支持网页登录。

3.9.17　2018 年今日头条面试真题及答案

试题 1. 在浏览器地址栏里输入一个网址，接下来会发生什么？

答案： 发生的操作如下。

（1）浏览器查找该网址的 IP 地址。

（2）浏览器根据解析得到的 IP 地址向 Web 服务器发送一个 HTTP 请求。

（3）服务器收到请求并进行处理。

（4）服务器返回一个响应。

（5）浏览器对该响应进行解码，并渲染显示页面。

（6）页面显示完成后，浏览器发送异步请求。

试题 2. 说明 Java 里内存泄漏和溢出的区别。

答案： 内存溢出（out of memory）是指程序在申请内存时，没有足够的内存空间可供使用。

内存泄漏（memory leak）是指程序在申请内存后，无法释放已申请的内存空间。一次内存泄漏的危害可以忽略，但内存泄漏堆积的后果很严重，无论计算机有多少内存，迟早会被用完。

内存泄漏最终会导致内存溢出。

试题 3. 写一个 Java 的单例模式。

答案： 如图 3.18 所示。

试题 4. 假设有两个容积分别为 5L 和 6L 的桶，最后如何只装 3L 水？

答案：具体方法如下。

（1）取 6L 水，倒进 5L 桶里，即得到 6L 桶里余下的 1L 水。

（2）把 5L 桶清空，把取到的 1L 水放进 5L 桶里并保留不动，取 6L 水，倒进 5L 桶里，6L 桶得到的是 2L 水，把 5L 桶清空，存放这 2L 水。

（3）5L 桶中有 2L 水，再取 6L 水，倒进 5L 桶里，倒进的水为 6L-3L=3L，5L 桶就装满了，6L 桶里余下的刚好是 3L 水。

试题 5. 指出 Web 测试和 App 测试的不同点。

答案：在兼容性方面，Web 考虑浏览器，App 除了考虑不同的手机机型外，还要考虑 App 的版本。

在网络方面，App 要考虑使用的是 3G、4G 还是 Wi-Fi 网络等。

```java
class Singleton {
    private static volatile Singleton _instance;

    private Singleton() {}

    static {
        _instance = new Singleton();
    }

    public static Singleton getInstance() {
        return _instance;
    }
}

public class UsingSingletonClass {
    static {
        Singleton.getInstance();
    }

    public static void main(String[] args) {
        new UsingSingletonClass();
    }
}
```

图 3.18　答案

3.9.18　2018 年美团面试真题及答案

试题 1. 说明抽象类和接口的区别。

答案：抽象类用于捕捉子类的通用特性。它不能实例化，只能用作子类的超类。抽象类用于创建继承层级里子类的模板。

接口是抽象方法的集合。如果一个类实现了某个接口，它就继承了这个接口的抽象方法。这就像契约模式，如果实现了这个接口，就必须确保使用这些方法。接口只是一种形式，接口自身不能做任何事情。

试题 2. 假如测试人员说程序有 bug，而开发人员偏偏说没有，该怎么处理？

答案：用数据说话，找需求分析师验收。

试题 3. Android 系统的四大组件是什么？

答案：四大组件为 Activity、Service、BroadCastReceiver、ContentProvider，它们是 Android 系统的基础。

试题 4. Java 的异常处理是怎样实现的？

答案：Java 的异常处理通过 try、catch、finally、throw、throws 关键字来实现。

试题 5. 多态是怎么体现的？

答案：多态，就是指重载和重写。重载发生在一个类中；重写发生在子类中，即子类重写父类相同名称的方法。

试题 6. 设计一个测试计划，包括测试进度和所需要人员。

答案：测试计划如下。

（1）测试人员前期参与需求评审。

（2）测试、开发人员参与系统分析评审。

（3）测试人员设计用例，并与开发、产品人员一起评审。

（4）开发提测后，执行测试、反馈、验证。

（5）测试和产品人员一起做预发验收。

（6）发布。

3.9.19　2019 年美团面试真题及答案

试题 1. 有 10 个瓶子，每个瓶子中有 1000 片药，每瓶中的每片药可能重 1g，也可能重 0.9g，但不确定几瓶中的每片药是 0.9g 的。有一台电子秤，精度为 0.1g，问称一次怎么确定哪些瓶子中的每片药是 0.9g 的？

分析：对该题目分解，由于不确定是几瓶，情况比较复杂，我们先从简单的地方开始考虑问题，将问题分解为热身题和进阶题。

（1）热身题：有 10 个瓶子，每个瓶子有 1000 片药，每瓶中的每片药可能重 1g，也可能重 0.9g，一瓶中的每片药重 0.9g 的。有一杆秤，精度为 0.1g，称一次怎么确定哪个瓶子中的每片药是 0.9g 的？

（2）进阶题：有 10 个瓶子，每个瓶子有 1000 片药，每瓶中的每片药可能重 1g，也可能重 0.9g，两瓶中的每片药重 0.9g 的。有一杆秤，精度为 0.1g，称一次怎么确定哪两个瓶子中的每片药重 0.9g？

答案：对于问题（1），若只有一个瓶子中每片药为 0.9g，应该如何解决这个问题？因为只能称一次，所以思路是如何在一次称重中通过得到的结果显示出标记的瓶子的序号。若只能称一次，如何做？

其实我们知道两种药片重量差 0.1g，从第 1 个瓶子中取 1 片，从第 2 个瓶子中取 2

片，第 1 个瓶子中的一片药比 1g 少 0.1g，那么第 1 个瓶子中的每片药重 0.9g。如果第 2 个瓶子中的两片药比 2g 少 0.2g，那么第 2 个瓶子中的每片药重 0.9g，所以问题（1）很容易解决，分别取 1 片、2 片、……，10 片即可。

对于问题（2），重点在于需要对前面的问题两两组合，使得接下来的药片数目区别于前面两种瓶子可能组合的结果。

问题（2），分别取 1 片、2 片、4 片、7 片、10 片、13 片、16 片……

对于最终的问题，读者应该有思路了，即需要区别于前面所有的组合。

因此，分别取 1 片、2 片、4 片、8 片、16 片、32 片……

这些片数正好是 2 的 n 次方，对于第 10 瓶，取 2^9 片，即 512 片，这也是为什么这个题中是 1000 片，10 瓶。

试题 2. 给你两个玻璃球，有一栋 100 层高的大楼，玻璃球摔碎的条件是什么？

答案： 每次肯定由低的楼层往高的楼层尝试，直到在楼层 $f(k)$，第一个球已经碎掉了，记录上一个尝试的楼层为 $f(k-1)$，在此楼层，玻璃球不会碎，所以接下来要尝试 $f(k-1)+1, f(k-1)+2, f(k-3)+3$,……直到有一个楼层碎了，最坏的是到达了 $f(k)-1$ 层。

接下来的解决方案就很容易想出了。既然在第一步（确定临界段）投掷玻璃球的次数不断增加，我们就让第二步（确定临界层）的楼层数随着第一步的次数增加而减少。第一步的投掷数是一次一次增加的，那就让第二步的投掷数一次一次减少。假设第一次投掷的层数是 f，转换成数学模型，$f+(f-1)+\cdots+2+1$ 就表示从 f 开始猜，每次的增量都比前一次的增量减 1 的情况下，最后猜的那个数（即 $f+(f-1)+\cdots+2+1$），按照题义要求 $f+(f-1)+\cdots+2+1 \geqslant 99$，即 $f(f+1)/2 \geqslant 99$（第一次测试点选择 100 层是无意义的，必然会碎，并且无任何测试价值，所以第一次测试点 k 是 1～99 的一个数），求出 $f>13.5$。丢下第一个玻璃球的楼层数就分别是 14、27、39、50、60、69、77、84、90、95、99。

前面为什么是 $f+(f-1)+\cdots+2+1 \geqslant 99$？首先，为了分段确定临界段，我们就要保证不管玻璃球在哪一个临界段碎掉，进行判断的次数是一样的，所以就需要从下到上每一个段比上一个段的长度少 1，同时所有段的长度总和是 99（不需要是 100，因为如果前面都没碎，那么 100 也不需要再判断了）。

不等式右侧为什么是 99 呢？其实，不管使用 99 还是 100，最后结果是一样的，只不过 99 更容易理解，因为如果你都已经到了 99 层了，可玻璃球还是没有碎，那么答案就肯定是 100 了，所以 100 就不用猜了。如果面试的时候说一下 99 和 100 的关系，就说明你够聪明，至于到底用 100 还是 99，不同的人理解不一样。

首次，如果选择 14 楼，那么最高可以判断到呢？按照数列 {14，27，39，50，60，69，77，84，90，95，99，102，104，105}，一共猜 14 次，最后是 105 层。按照上面

99 和 100 的关系，虽然猜了 14 次，但是最后一次猜到了 105 层，可知如果在 105 层玻璃球还不碎，那么肯定在第 106 层玻璃球摔碎。14 次最大可以判断到第 106 层，于是 15 次就要从 15 开始猜，并且如果有 107 层，那么需要 15 次。

如果在第 27 层玻璃球碎了，则要从 15 层开始一层一层地尝试，而如果在第 26 层玻璃球碎了，那么猜的序列就是 {14，27，15，16，17，18，19，20，21，22，23，24，25，26}，一共猜了 14 次。

该题为什么不能用二分法？用二分法是否最多 7 次就可以搞定了？该题要求你最多只能用两个玻璃球来判断玻璃球碎掉时临界的楼层。如果用二分法，第一步在第 50 层一扔就碎掉了，那么你只能从第 1 层开始扔了，要进行 50 次判断（如果你接着在第 25 层扔，最后一个玻璃球碎掉，你就没有球可以用了），所以在这里并不适合用二分法。因此，我们只能像上面一样想用第一个玻璃球去确定一个区间，然后在区间内从区间底部往上进行判断。

试题 3．HTTP 的请求有哪几种？各有什么用？
答案：共有如下 8 种。

- OPTIONS：返回服务器针对特定资源所支持的 HTML 请求方法，或 Web 服务器发送的测试服务器功能（允许客户端查看服务器性能）。
- GET：向特定资源发出请求（请求指定页面信息，并返回实体主体）。
- POST：向指定资源提交数据以处理请求（提交表单、上传文件），可能导致新的资源的建立或原有资源的修改。
- PUT：向指定资源位置上传最新内容（用从客户端向服务器传送的数据取代指定文件的内容）。
- HEAD：与 GET 请求类似，返回的响应中没有具体内容，用于获取报头。
- DELETE：请求服务器删除 request-URL 所标识的资源（请求服务器删除页面）。
- TRACE：回显服务器收到的请求，用于测试和诊断。
- CONNECT：HTTP/1.1 协议中能够将连接改为 pipe 方式的代理服务器。

第 4 章 面面俱到，脱颖而出

4.1 软素质面试题

招聘过程中，除考查技术、了解工作经验之外，还会对应聘者的软素质进行衡量。

日常工作中，影响个人发展的因素，除了个人能力以外，还有团队合作能力。如何处理好单位的人际关系，也是每个测试人员应该了解的。先分析与各种角色的关系。

（1）在领导面前，你是辅助者、执行者的角色。能帮领导解决难题，领导才会需要你，所以不要经常把问题抛给领导。有问题的时候，自己想想解决方案，带着方案找领导要资源寻求帮助；对于领导的决定，没有重大错误的时候，要服从，并很好地执行。

（2）组内成员之间既是同行，也是竞争者。一个组的成员互相帮助的情况比较多，新成员需要老成员指导，需求多的时候，要互相支持。然而，在竞争岗位的时候，组内成员又有竞争关系。但是一个眼光长远的测试人员应该以组内利益为先，不应该为了竞争、邀功、请赏而争夺重要的、容易出业绩的工作，把零散的"脏活""累活"丢给其他人。

（3）与组外的成员合作比较多，上下游联调配合中，都需要对方准备数据、部署环境、提供工具等。急他人所急，才能提升自己的影响力。

（4）与开发人员之间的矛盾往往在于提测时间和提测质量。有要求要提，对开发质量不满意可以说。但是切忌对他人要求过高，互相体谅才能更加有效。

本节列出面试中经常碰到的一些问题及回答技巧。

例题 1．你之前的专业与这个岗位不太适合，你有什么看法？你学的是 Java，但是我们用的是 PHP，你有什么看法？

分析：面试官提出这样的问题很有可能是为了测试你的心理压力承受能力。因为在日常工作中如果犯了错，需要承受一定的心理压力。面试官当然不希望自己招聘到一个犯了错就崩溃的员工。

答案：我的专业确实不对口，但是不影响我对这一行的热爱程度，希望面试官给我机会。我自学能力很强，如果贵公司录用我，入职之前我可以自学 PHP，这应该不会耽误工作。

例题 2. 我们公司经常加班，你对加班问题怎么看？

分析： 了解应聘者是否反对加班。

答案： 理解，如果任务没完成或者要赶进度，加班也是可以的；我家人很支持我的事业，不会反对我加班；加班对我的成长有很大帮助，我不排斥。

例题 3. 你为什么选择我们公司呢？

答案： 贵公司在行业内处于领先地位，我可以学到很多东西；贵公司处于发展期，员工有很大的职业发展空间。

例题 4. 你能为我们做什么呢？

答案： 我办事效率高，能提高贵公司测试项目的效益；我经验丰富，能提高贵公司测试项目的质量；我对管理流程很熟悉，能规范贵公司测试项目的流程；我开发能力强，对自动化测试又熟悉，能引进自动化技术，缩短测试周期。

例题 5. 你是什么样的人呢？

分析： 这等于在问你的价值观是否与公司的价值观一致。答案别太离谱就行。

答案： 乐观、不斤斤计较、上进等。

例题 6. 你还有什么问题要问我？

分析： 这个问题若以积极的方式回答，会给面试官留下较好的印象。最好问与工作相关的事情，别问工资等内容。

答案： 如果我想在这个行业发展下去，你作为资深人士，能给我点建议吗？

例题 7. 谈一下你做过的项目的功能架构和设计框架。

答案： 根据考生自己的情况作答。

例题 8. 你的测试职业发展规划是什么？

答案： 因为测试经验越多，测试能力越高，所以职业发展是需要时间累积的，我希望一步步向着高级测试工程师发展。我有初步的职业规划，前 3 年积累测试经验，以如何做好测试工程师的标准要求自己，不断地提升自己，做好测试任务。

例题 9. 你的优势在哪里？

答案： 优势在于我对测试坚定不移的信心和热情，虽然经验还不够，但我有信心在工作中发挥测试需要的基本才能。

例题 10．当开发人员说"某某不是 bug"时，你如何应付？

答案：开发人员说"某某不是 bug"，有两种情况。一是需求没有确定，所以我可以询问产品经理以确认需不需要修复 bug，三方商定后再看要不要修复 bug。二是产生这种bug 的情况不可能发生，所以不需要修改。这个时候，我可以先尽可能说出是 bug 的依据是什么；如果被用户发现或出了问题，会有什么不良结果。开发人员可能会给出很多解释，我可以对他的解释进行反驳。如果还是不行，那我可以把这个问题提出来，与开发经理和测试经理进行确认。如果要修改，就改；如果不要修改，就不改。如果它们真的不是 bug，我就以建议的方式写进 TD 中，开发人员不修改也没有大问题；如果确定它们是 bug，我一定会坚持自己的立场，让问题得到最后的解决。

例题 11．你找工作时，最重要的考虑因素是什么？
答案：工作的性质和内容是否能让我发挥所长，并不断成长。

例题 12．为什么我们应该录取你？
答案：我过去的工作绩效展示了我全力以赴的工作态度。

例题 13．如果和开发人员的时间安排有矛盾，或者说开发人员的进度较慢，你会怎么做？

分析：以大局为重，先把事情做完，再考虑内部矛盾。

答案：加班把测试工作完成，或者和开发人员商量，让开发人员分担一些测试任务。目的只有一个，确保项目准时完成。事后，分析开发进度慢的原因，下次尽量避免类似的事情发生。

例题 14．工作中，你和你平级的同事竞争一个职位，你又和他在一个团队，如何相处？
答案：同一个团队的成员必然存在两层关系——合作和竞争。我认为作为一个专业人士，应该以合作第一、竞争第二为原则。因为在同一个团队就一定有共同利益，必须把共同利益维持好，才会有更好的发展。成功晋升也有两种情况，一种是伴随鲜花和掌声，另一种是带着同事的不屑和蔑视。我希望我是第一种。

例题 15．如果我今天拒绝了你，觉得你不适合干该行，你会怎么做？
答案：我喜欢该行，我会继续努力。另外，我想了解你拒绝我的理由，方便我"重整旗鼓"。毕竟你是更有经验的，一定能看到我自己看不到的缺点。

4.2　英文面试题

外企要求员工在工作中使用英文交流，所以英文面试题也需要好好准备。下面列出一些常见的英文面试题及参考答案。

1．Could you introduce yourself ?

Answer： I am creative and motivated. I graduated from ××, I entered ×× company in 2003. Having worked on several project, I can manage a team of 5~10 testers. I'm a good tester, and good at testing. I am looking for a challenging and promising position.

2．Why do you think we should employ you?

Answer： I can enhance work efficiency by introducing automatics to your project.

3．Why didn't you like the job you have held?

Answer： I think it don't give me a promising future. Hardly can I get a promotion in 2~3 years. I have to go out and seek for a better way. I think ××company is a good choice. （I want to gain more experience at a trading company.）

4．What did you do in your last job?

Answer： I have worked on software testing in the previous company for 3 years. In first year, as a green one, I learned how to do functional test at pay project. In the second year, I worked as a mentor of two freshers, I teached them how to test as I learned, and I did auto-test coding too. In the third year, I began to do system test，automatics，and mentor job.

5．What do you know about test plan?

Answer： Before test, test plan is needed. It includes test scope, test schedule, test method, test tools，etc。

6．How do you design cases?

Answer： First，I write case according to MRD, make sure every scene is covered. Then, make up some cases according to RD's design by path-cover way.

7．Can you tell me about yourself?

Answer： In my QA career，I have been working on various system platforms and operating systems like Windows 95，Windows 2000，Windows XP and UNIX．I have tested applications developed in Java，C++，Visual Basic and so on．I have tested web-based applications as well as client server applications.

As a QA person，I have written test plans，test cases，attended walk-through meetings with the business analysts，project managers，business managers and QA Leaders. I have attended requirement review meetings and provided feedback to the Business Analysts. I have worked with different databases like Oracle and DB2, wrote SQL queries to retrieve data from the database. As far as different types of testing are concerned, I have performed smoke testing, functional testing, backend testing, black box Testing, integration testing, regression testing and UAT (User Acceptance Testing). I have participated in load testing and stress testing.

I have written defects as they are found using ClearQuest and TestDirector. Once the defects were fixed, retested them, if passed software test, closed them. If the defects were not fixed, then reopened them. I have also attended the defect assessment meetings as necessary. In the meantime, a continuous interaction with developers was necessary. This is pretty much what I have been doing as a QA person.

8. Can you tell me what a use case is?

Answer: A use case is a document that describes the user action and system response for a particular functionality.

9. What is Business Design Document?

Answer： It is the document that describes the application functionalities of the user in detail. This document has the further details of the Business Requirement Document. This is a very crucial step in Software Development Life Cycle (SDLC). Sometimes the Business Requirement Document and Business Design Document can be lumped together to make only one Business Requirement Document.

10. What is walk-through meeting?

Answer： Once the Business Analysts complete the requirement document, they hold a meeting to explain how the functionalities work, the process in the designed application and other details. The Business Analysts explain the high level functionalities of the application (software) that is going to build. The participant members in the meeting may provide feed back and express various point of views. This is walk-through meeting.

11. What does the Build Deployment mean?

Answer： When the Build is prepared by the CMT (Configuration Management Team), it is deployed (put) to different Test Environments, it is called the Build Deployment.

12. What is a test strategy?

Answer： A test strategy is a document that describes the test efforts, test configuration, testing tools to be employed, test environments, exit criteria and entry criteria for testing, what different types of testing will be carried out (for example, smoke testing, regression testing, load testing, functional testing and so on) and system requirement. The Test Manager or Leader writes it. The tester does not write test strategy. The tester writes test plans and test cases.

13．What is the difference between load testing and performance testing?

Answer： Basically load testing, stress testing and performance testing are similar. However, load testing is designed to check the users' response time of number of users of any one scenario of the application. Whereas performance testing is designed to check the user response time for multiple scenario of the same application.

14．From you resume, I see that you have been working in one place for a very short period of time. Can you explain why?

Answer： As a consultant, I have been hired for a certain period of time (for project duration only), normally for 6 months to 1 year. Once the project is over, I needed to move to another project.

15．What do you do in daily job? What is the first thing you do when you arrived at your work place? (What is your routine job?)

Answer： First, have a cup of coffee (coffee is free in any work place), then check E-mails. I will check in my calendar whether there is any meeting for the day. If there is urgent thing that needs to deal with, then I will do it firstly. Otherwise, I will do what is left from yesterday on a priority basis.

测试工程师英文面试样题。

1．What types of documents is needed for QA, QC, and testing?

2．What does a test plan include?

3．Describe any bugs you remember.

4．What is the purpose of the testing?

5．What do you like (not like) in this job?

6．What is quality assurance?

7．What is the difference between QA and testing?

8．How do you scope, organize and execute a test project?

9．What is the role of QA Manager in a development project?

10．What is the role of QA Manager in a company that produces software?

11．Define what is quality.

12. Describe the difference between validation and verification.

13. Describe what is a process. Not a particular process, just the basics of having a process.

14. Describe when you would consider employing a failure mode and effect analysis.

15. Describe what is the Software Development Life Cycle.

16. What are the properties of a good requirement?

17. How do you differentiate the roles of Quality Assurance Manager and Project Manager?

18. Tell me about any quality efforts you have overseen or implemented. Describe some of the challenges you faced and how you overcame them.

19. How do you deal with environments that are hostile to quality change efforts?

20. In general, how do you see automation fitting into the overall process of testing?

21. How do you promote the concept of phase containment and defect prevention?

22. If you come onboard, give me a general idea of what is your first overall task as far as starting a quality effort.

23. What kinds of testing have you done?

24. Have you ever created a test plan?

25. Have you ever written test cases or did you just execute those written by others?

26. How do you write test cases?

27. How do you determine what to test?

28. How do you decide when you have tested enough?

29. How do you test if you have minimal or no documentation about the product?

30. Describe the basic elements you put in a defect report.

31. How do you perform regression testing?

32. At what stage of the life cycle does testing begin in your opinion?

33. How do you analyze your test results? What metrics do you try to provide?

34. Realising that you won't be able to test everything，how do you decide what to test first?

35. Where do you get your expected results?

36. In automating test, How do you determine the automation process and the order?

37. In the past, I have been asked to verbally start mapping out a test plan for a common situation, such as an ATM. The interviewer might say, "Just thinking out loud, if you were tasked to test an ATM, what items might your test plan include?" These type of questions are not meant to be answered conclusively, but it is a good way for the interviewer to see how you approach the task.

38．If you're given a program that require to average student grades, what kinds of inputs would you use?

39．Tell me about the worst bug you ever found.

40．What made you pick testing over another career?

41．What is the exact difference between Integration & System testing? Give me examples with your project.

42．How did you test a project?

43．When should testing start in a project? Why?

44．How do you go about testing a web application?

45．Describe the difference between black & white box testing.

46．What is configuration management? What kinds of tools is used in configuration management?

47．What do you plan to become in 5 years?

48．Would you like to work in a team or alone? why?

49．List your strong & weak points.

50．Why do you want to join our company?

51．When should testing be stopped?

52．What sort of things would you put down in a bug report?

53．Who in the previous company is responsible for quality?

54．Who defines quality?

55．What is an equivalence class?

56．Is a "A fast database retrieval rate" a testable requirement?

57．Should we test every possible combination/scenario for a program?

58．What criteria do you use when you determine when to automate a test or leave it manual?

59．When do you start developing your automation tests?

60．Discuss what test metrics you feel are important to publish an organization.

61．Describe the role that QA manager plays in the software lifecycle.

62．How would you define a bug?

63．Give me an example of the best and worst experiences you've had with QA.

64．What role does unit testing play in the development/software lifecycle?

65．Explain some techniques for developing software components with respect to testability.

66. Describe a past experience with implementing a test harness in the development of software.

67. Have you ever worked with QA manager in developing test tools?

68. Give me some examples of how you have participated in Integration Testing.

69. How would you describe the involvement you have had with the bug-fix cycle between Development and QA?

70. What is Unit Testing?

71. Describe your personal software development process.

72. How do you know when your code has met specifications?

73. How do you know your code has met specifications when there are no specifications?

74. Describe your experiences with code analyzers.

75. How do you feel about cyclomatic complexity?

76. Who should test your code?

77. How do you survive chaos?

78. What processes/methodologies are you familiar with?

79. What type of documents would you need for QA/QC/testing?

80. How can you use technology to solve problem?

81. What type of metrics would you use?

82. How to find that tools work well with your existing system?

83. What automated tools are you familiar with?

84. How well did you work with a team?

85. How would you ensure 100% coverage of testing?

86. How would you build a test team?

87. What problem did you have right now or in the past? How did you solve it?

88. What will you do during the first day of job?

89. What would you like to do five years from now?

90. Tell me about the worst boss you've ever had.

91. What are your greatest weaknesses?

92. What are your strengths?

93. What is a successful product?

94. What do you like about Windows?

95. What is good code?

96. Do you know Kent Beck, Dr. Grace Hopper, Dennis Ritchie?

97．What are basic, core, practises for a QA specialist?

98．What do you like about QA?

99．What has not worked well in your previous QA experience and what would you change?

100．How will you begin to improve the QA process?

101．What is the difference between QA and QC?

102．What is UML and how to use it for testing?

103．What is CMM and CMMI? What is the difference?

104．What do you like about computers?

105．Do you have a favourite QA book? More than one? Which ones? And why?

106．What is the responsibility of programmers?

107．What are the properties of a good requirement?

108．How to do test if we have minimal or no documentation about the product?

109．What are all the basic elements in a defect report?

4.3　面试技巧

充分准备之后，面对面试官，读者可以从容应对，表现真实的自己，相信自己总能遇上"伯乐"。面试技巧如下。

（1）选位。面试时，最好选择面试官的侧面座位入座。面试官对面的位置在心理上会给自己造成不必要的对立压力，而侧面的位置使人感觉是两个人在聊天，聊着聊着就放松了，不会那么紧张。

（2）实事求是。当遇到不会的问题时，实事求是地与面试官沟通，说明原因，如题意没有理解透彻。

（3）主动。当遇到不会的技术时，主动提出解决方案，如我可以利用业余时间学习。

（4）勤快。整个过程可以表现得勤快一点，如面试会议室很乱，面试官慌乱收拾时，可以主动帮忙。这或许也是一种测试，看看你在工作过程中是不是只会做自己手上的工作，对其他人的工作不闻不问。

回答问题时，要表现得乐观、上进。

总之，面试过程就像一次销售，将自己销售出去，一一打消面试官录用你的疑虑，就可能成功应聘。

4.4 面试礼仪

面试礼仪也是一个很重要的因素。有的人说，面试很大一部分靠的是运气。这也有一定的道理，其实有时第一印象就决定了你的应聘着结果。在面试中，建立注意以下方面。

- 守时。应聘者可以提前到，整理一下衣装和心情。
- 衣装整洁，女性忌浓妆。对 IT 行业来说，女性的妆容应较清淡。在入职之前，可以事先了解公司的文化。有的公司文化（如互联网公司）对衣装没有要求，面试这种公司时保持外观干净整洁即可。在银行等一些金融机构，工作人员大多穿着西装，面试这种公司时最好穿西装。
- 注意礼貌。进门打招呼，出门说"谢谢"是基本的礼貌。在面试过程中，切忌嚼口香糖和抽烟等。
- "无声胜有声"的形体语言。加州大学洛杉矶分校的一项研究表明，一个人给他人留下的印象，7%取决于言辞，38%取决于音质，55%取决于非语言交流。非语言交流的重要性可想而知。在面试中，恰当使用非语言交流的技巧，将为你带来事半功倍的效果。

除讲话以外，无声语言是重要的交流手段，主要有手势语、目光语、身势语、面部语、服饰语等，通过仪表、姿态、神情、动作来传递信息，它们在交谈中往往起着有声语言无法比拟的作用，是职业形象的更高境界。无声语言对面试成败非常关键，有时一个眼神或者手势都会影响整体评分。例如，适当微笑的面部表情会显现出一个人的乐观、豁达、自信。

面试在很多情况下是与面试官直接接触，面试人员的一举一动、一言一行都被面试官尽收眼底。所以面试礼仪是很重要的一个环节，礼仪是个人素质的一种外在表现形式，是面试制胜的法宝。面试礼仪这个环节由许多小环节构成，如果对礼仪知识知之甚少，或忽视礼仪的作用，在一个小环节上出现纰漏，可能会被淘汰出局。